铁路安全管理丛书

铁路营业线施工安全基础知识

于兆峰　主编

程　鹏　周荣祥　主审

西南交通大学出版社

·成 都·

内容简介

本书是在对《铁路营业线施工安全管理办法》(铁运〔2012〕280号)全面深入理解的基础上,结合铁路管理体制改革和现阶段铁路运输安全管理实际,归纳和提炼出 282 个施工安全管理问题,适用于铁路局(集团公司)运输生产一线岗位人员及路内外工程建设、施工、监理单位、铁路运输院校学习掌握有关铁路营业线及邻近营业线施工安全基础知识、办理施工手续,以及进行施工安全培训、管理时参考。

图书在版编目(CIP)数据

铁路营业线施工安全基础知识/于兆峰主编. —成都:西南交通大学出版社,2014.1(2020.8 重印)
(铁路安全管理丛书)
ISBN 978-7-5643-2777-4

Ⅰ. ①铁… Ⅱ. ①于… Ⅲ. ①铁路线路−工程施工−安全管理−基本知识 Ⅳ. ①U215.8

中国版本图书馆 CIP 数据核字(2013)第 295208 号

铁路安全管理丛书
铁路营业线施工安全基础知识
于兆峰 主编

*

责任编辑 周 杨
封面设计 墨创文化

西南交通大学出版社出版发行
四川省成都市二环路北一段 111 号西南交通大学创新大厦 21 楼
邮政编码: 610031 发行部电话: 028-87600564
http://www.xnjdcbs.com
成都蜀通印务有限责任公司印刷

*

成品尺寸: 146 mm×208 mm 印张: 6.75
字数: 174 千字
2014 年 1 月第 1 版 2020 年 8 月第 4 次印刷
ISBN 978-7-5643-2777-4
定价: 24.50 元

目 录

第一章 天窗管理

第二章 安全防护

第三章　施工劳动安全

第四章 营业线施工

第五章　邻近营业线施工

第六章　普速铁路维修

第十三章　普速铁路施工放行列车条件

第十四章　高速铁路施工放行列车条件

第十五章　铁路交通事故及应急处理

第十六章　限界与铁路线路安全保护区

第十七章 近年典型施工事故案例

第一章 天窗管理

1. 什么是列车运行图？

答：列车运行图是运用坐标原理描述列车运行时间与空间关系，表示列车在铁路各区间运行时间及在各车站停车、通过时间的线条图。列车运行图横坐标表示时间，纵坐标表示各分界点（车站），斜线表示列车，斜线上的数字表示车次。列车运行图按时间坐标及不同用途，可分为 2 分格运行图（即垂直线每格表示 2 min）、10 分格运行图（即垂直线每格表示 10 min）、小时格运行图；按列车运行图的特点可分为平行运行图和非平行运行图；以及单线运行图、双线运行图、单双线运行图；成对运行图和不成对运行图；连发运行图和追踪运行图等。正常情况下，列车调度员用于生产指挥的运行图为 10 分格运行图。

2. 什么是天窗？

答：天窗是列车运行图中不铺画列车运行线或调整、抽减列车运行线为施工和维修作业预留、安排的时间（见图 1.1）。天窗铺画采用的是 10 分格运行图。

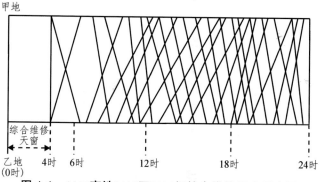

图 1.1 ××高铁××至××间综合维修天窗示意图

3. 天窗有哪些种类？

答：天窗按用途分为施工天窗和维修天窗，按影响范围分为"V"型天窗、垂直天窗等。自全路推行天窗修以来，各铁路局（集团公司）根据自身实际，分别对天窗管理工作进行了补充完善与创新。如：有些铁路局（集团公司）在施工天窗和维修天窗的基础上，补充完善了临时（或临修）天窗管理工作；有些铁路局（集团公司）在将天窗按影响范围分为"V"型天窗、垂直天窗的基础上，明确了同步天窗的概念和管理模式；有些铁路局（集团公司）将天窗按作业范围划分为天窗单元和基本天窗单元，更加有效地利用了天窗资源；有些铁路局（集团公司）将管内天窗分为干线天窗、支线天窗、大站区天窗，将大站区天窗"分片、分段、分块"管理，充分灵活地开发、利用了天窗资源等。

4. 对施工天窗的时间及安排有什么要求？

答：（1）施工天窗时间：高速铁路原则上不应少于 240 min，普速铁路原则上不应少于 180 min。

（2）施工天窗安排：繁忙干线集中修、高速铁路、图定货物列车对数小于 12 对的普速铁路施工时可连续安排施工天窗，其余各线周六、周日不安排施工天窗。

5. 如何加强天窗修管理工作？

答：为强化天窗修管理，各铁路局（集团公司）成立天窗修领导小组，下设天窗修管理办公室，铁路局（集团公司）运输、工务、电务、供电、车辆、房建等部门是实施天窗修的主要责任部门，铁路局（集团公司）业务处及相关站段需确定专（兼）职管理人员，加强本部门、单位的天窗修实施与考核工作。

6. 铁路局（集团公司）及站段"天窗办"的主要管理职责是什么？

答：铁路局（集团公司）"天窗办"负责全局（集团公司）

综合天窗修的管理及考核工作，对运输站段考核天窗兑现率（当月实际给点次数、时分与当月图定"天窗"基数减去事故与自然灾害次数、时分之和的比率再乘以 100%）；对设备管理单位考核天窗利用率（当月设备管理单位实际天窗申请利用次数、时分与当月图定"天窗"基数减去事故与自然灾害次数、时分之和的比率再乘以 100%），根据天窗兑现率及利用率情况分别予以通报考核。对不影响正线及区段通过能力的到发线维修天窗时段进行明确、规范。同时，及时协调局（集团公司）内站段间及路局（集团公司）间天窗实施过程中出现的问题。

运输站段"天窗办"负责管内各站（工区）的天窗考核管理工作，协调管内各单位及站段间的天窗问题。运输站段以单位管辖车站多少为基数，考核兑现率；设备管理单位以管辖工区多少为基数，考核利用率。

天窗管理人员应深入研究"天窗修"作业规律，建立"天窗"点内、外作业管理办法和考核制度，提高"天窗"兑现率和利用率，充分利用天窗资源，不断提高设备质量，确保行车安全和正常运输秩序。

7. 两个及以上施工单位综合利用天窗在同一区间作业有什么要求？

答：施工现场为两个及以上施工单位综合利用天窗在同一区间作业时，由运输部门指定施工（维修）主体单位，明确主体施工（维修）负责人。主体施工（维修）负责人负责协调各单位施工组织，各单位必须服从主体施工（维修）负责人指挥，按时完成施工和维修任务，确保达到规定的列车放行条件。两个及以上单位作业车进入同一个区间移动作业时，由主体施工（维修）负责人统一划分各单位作业车作业范围及分界点，作业单位必须按规定分别进行防护。使用作业车时，应以距作业车作业区段两端 50～100 m 处设置停车信号防护。无作业车时，应距作业分界点

20～50 m 处设置停车信号防护。同时，明确施工联系人及联系方式，制订细化措施。

8. 天窗点内有轨道车、大机等自轮运转设备运行或作业的区间，怎样综合利用天窗资源？

答：为充分利用天窗资源，确保轨道车、大机等自轮运转设备运行及施工作业安全，综合利用天窗资源主要有两种模式：

（1）天窗点内有轨道车、大机等自轮运转设备运行或作业的地段，不再安排与其无关的施工作业项目；除此之外的地段，设备管理单位可共用天窗进行维修作业。作业地点与自轮运转设备之间至少保持 500 m 以上的安全间隔距离，分别设置移动防护信号。

（2）当轨道作业车作业单位与无轨道车的施工维修作业单位占用同一区间、同一行别时，非轨道车作业单位按照"在轨道作业车进入区间并通过施工维修作业地点后再登记，在轨道作业车返回且通过施工维修作业地点前先销记"的原则，办理登销记手续并组织施工维修作业，现场分别设置防护。

无论何种模式，均需由运输部门指定施工（维修）主体单位，明确主体施工（维修）负责人，由主体施工（维修）负责人统一划分各单位及作业车作业范围和分界点，各作业单位按规定分别进行防护。在作业过程中，双方驻调度所（驻站）联络员、施工负责人应加强沟通，确保安全。

第二章 安全防护

第一节 防护信号与标志

9. 常用施工防护信号主要有哪些?

答:常用施工防护信号主要有:

(1)移动信号牌(灯)。

① 停车信号:红色方牌(表面有反光材料)或双面红色信号灯。

② 减速信号:黄色圆牌(表面有反光材料)。在施工及其限速区段,按不同速度等级列车(最高运行速度大于 120 km/h 的旅客列车、行邮列车及最高运行速度为 120 km/h 的货物列车、行包列车)的紧急制动距离,在原减速信号牌外方增设特殊减速信号牌——黄底黑"T"字圆牌。

③ 减速防护地段终端信号:绿色圆牌(表面有反光材料)。

④ 减速地点标:白色方牌(表面有反光材料),设在需要减速地点的两端各 20 m 处。正面表示列车应按规定限速通过地段的始点,背面表示列车应按规定限速通过地段的终点。

⑤ 作业标:黑白相间圆牌(表面有反光材料)。

(2)响碜、火炬信号。

(3)短路铜线。

10. 普速铁路施工防护信号备品有哪些?

答:普速铁路施工安全防护信号备品包括作业标、停车信号牌(灯)、减速信号牌、特殊减速信号牌("T"字牌)、减速地点标、减速防护地段终端信号牌、双面黄色信号牌、双面信号灯、响墩、火炬、号角（喇叭）、红色信号旗、黄色信号旗、短路铜线、对讲机等。

11. 高速铁路施工防护信号、通信设备主要有哪些？

答：高速铁路施工防护信号、通信设备主要有：

（1）移动信号及信号备品：移动停车信号牌（灯）、减速信号牌、特殊减速信号牌（"T"字牌）、双面信号灯、火炬、号角（喇叭）、红色信号旗、黄色信号旗、短路铜线等。高速铁路施工防护信号不建议使用响墩、作业标、减速地点标等。

高速铁路线路基础多为桥隧，路基段路肩绝大部分已进行硬化，现场钢轨以外设置防护标志多有不便。同时，随着调度指挥系统的发展，下达限速命令多采用列控系统设置。因此，高速铁路减速信号牌、特殊减速信号牌（"T"字牌）等施工防护标志仅作为备用防护方案使用。

（2）通信设备：GSM-R手持台、手持无线电台（对讲机）等。

12. 铁路施工防护信号标（牌）应符合什么标准？

答：铁路施工防护信号标（牌）表面反光材料参照国家标准《公路交通标志反光膜》（GB/T18833）之规定，其逆反射系数应在Ⅱ级及以上，各种防护信号备品的规格、使用应符合现行《铁路技术管理规程》规定，其中减速信号内标注的数字要连续标注，不能采用单字并排。

13. 普速铁路怎样设置响墩防护信号？

答：普速铁路区间线路发生故障时，在距故障地点一定距离（见图2.1中距离"A"处），顺来车方向按"左二右一"设置。设置时将响墩爪条紧扣于轨头下颚，使其紧贴钢轨顶面，且响墩间隔为20 m，如图2.1、图2.2所示。随着铁路信号、通讯设施及设备的改进，响墩的使用频率及作用发挥较原来越来越小。

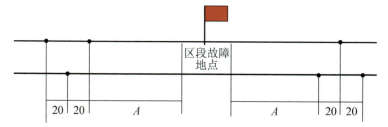

注：图中"A"为不同线路速度等级的列车紧急制动距离，$V_{max} \leqslant 120\ km/h$ 时为 800 m；$120\ km/h < V_{max} \leqslant 160\ km/h$ 时为 1 400 m；$160\ km/h < V_{max} \leqslant 200\ km/h$ 时为 2 000 m；有行包列车运行的线路，A 不得小于 1 100 m；有120 km/h 货物列车运行的线路，A 不得小于 1 400 m。

图 2.1 响墩防护图

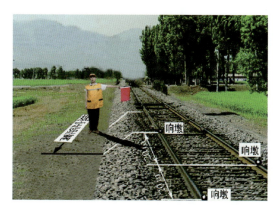

图 2.2 响墩及停车手信号防护示意图

14. 怎样设置火炬防护信号？

答：线路发生危及行车安全的故障需设置火炬信号（见图 2.3），按以下方法操作：

（1）传统火炬：火炬点燃后，先将铁支架向下推出约 120 mm，一端留于信号体末端，另一端铁线则插在线路道心处。在木枕地段，可顺风向插在木枕裂缝上，稍往枕盒侧倾斜，但最多倾斜不得超过 45°，以免燃烧木枕和阻碍火焰燃烧。

（2）新型火炬：新型铁路示警火炬的底部设有磁性材料，点燃后只需将火炬底部吸附于行车方向左股钢轨顶部表面即可，火炬底部的磁性材料可将火炬牢牢固定在钢轨顶面。

图 2.3　火炬信号

15. 机车乘务人员听到响墩爆炸声及看到火炬信号后，应如何处理？

答：响墩爆炸声及火炬信号的火光，均要求司机紧急停车。停车后如无防护人员，机车乘务人员应立即检查前方线路；如无异状，列车以在瞭望距离内能随时停车的速度继续运行，但最高不得超过 20 km/h。在自动闭塞区间，运行至前方第一架通过信号机前，如无异状，即可按该信号机显示的要求执行；在半自动或自动站间闭塞区间，经过 1 km 后，如无异状，可恢复正常速度运行。

16. 如何使用短路铜线？

答：（1）使用范围：自动闭塞或半自动闭塞接近轨道电路区段。

（2）使用目的：使轨道电路短路后，对应信号显示红灯，防止列车进入故障或施工所在轨道电路闭塞分区。

（3）短路铜线的要求：由多股铜丝铰接（电阻值小于 0.06 Ω），正规厂家生产。

（4）使用要求：将两端磁铁吸附（或夹子夹住两股钢轨并按

照要求固定）在两股钢轨上即可。

（5）注意事项：一是适用于在列车未越过防护地段闭塞分区信号机时使用；二是必须与钢轨面有效接触，必要时需在设置处用砂纸或钢刷打磨钢轨，确保接触良好；三是要确认信号是否亮红灯（在透明区间，也可通过驻站联络员或驻调度所联络员确认）。

17. 响墩、火炬检测试验时有哪些规定？

答：响墩、火炬检测时，应遵守以下规定：

（1）响墩的检测方法：拿起用手摇晃，如响墩内炸药"哗哗"作响，则说明炸药没有受潮，响墩有效，可继续使用；如拿起摇晃不"哗哗"响，说明响墩内炸药已受潮凝固成块，不能再用，应及时更换或做试验专用。检测时，禁止拆开响墩进行检查，不得将其置于轨面用锤击打；应利用单机或轨道车进行碾轧试验。

（2）火炬的检测方法：传统火炬杆、铁支架是否有折断、破损；新型火炬的火炬杆是否有折断、破损，底部磁性材料是否有足够吸附力。火炬试验时，应远离有来车线路，防止发生火灾。

（3）响墩、火炬应每年至少进行一次试验，具体试验时间及周期由所在地铁路局（集团公司）在《行车组织管理规则》中明确，日常应加强抽查，并作为必查内容，发现问题及时整改。

18. 怎样设置移动停车信号牌（灯）？

答：在区间线路上，停车信号牌（灯）一般设置在施工（或故障）地点外 20 m 处，垂直插设在线路中心，并确保牢固；在站内线路或道岔上，停车信号牌（灯）一般设置在施工（或故障）地点外 50 m 处，如图 2.4 所示。设置停车信号牌（灯）需经施工负责人下达设置指令（防护员需确认封锁命令或发现危及行车安全的故障时封锁）。在现场施工作业中，为方便设置，一些单位采用了吸附于轨顶或卡扣于钢轨头部的停车信号牌形式，如图 2.5 所示。

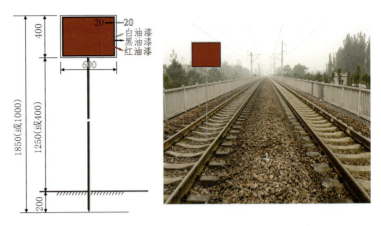

图 2.4　移动停车信号牌 1（尺寸单位：mm）

图 2.5　移动停车信号牌 2

图 2.6　移动停车信号灯

近年来，随着夜间天窗（尤其是高铁天窗）的增多，一种新型简便的吸附式双面停车信号灯正在得到广泛使用。该停车信号灯可直接吸附于钢轨顶面，一般设置在施工作业地点外方列车运行方向左股钢轨上，如图 2.6 所示。

19. 怎样设置减速防护（始端）信号牌？

答：减速防护始端信号牌是要求列车降低到要求速度的一种线路容许速度的指示标志，为黄底黑字圆牌，表面有反光材料。当限速命令下达后，施工负责人通知设置减速防护信号标志防护员；防护员确认限速命令后，将减速防护信号牌垂直插设在距离慢行地点 800 m 处列车运行方向（单线为顺计算里程方向）线路左侧的路肩上，横向距线路中心大于 3.1 m，并确保牢固。减速信号牌应明确列车限制速度。减速数字为 2 位数及以下时，字高为 250 mm，高宽比为 1∶0.7（见图 2.7），减速数字为 3 位数时，字高为 180 mm，高宽比为 1∶0.7（见图 2.8）。

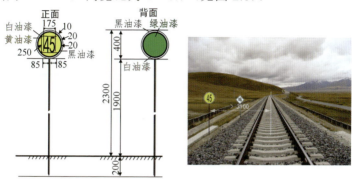

图 2.7　减速信号牌 1（尺寸单位：mm）

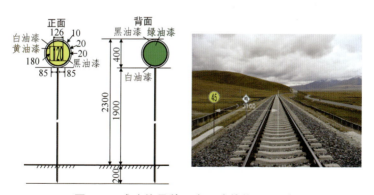

图 2.8　减速信号牌 2（尺寸单位：mm）

施工及其限速区段，应按不同线路速度等级列车（最高运行速度大于 120 km/h 的旅客列车、行邮列车及最高运行速度为 120 km/h 的货物列车、行包列车）的紧急制动距离，在原减速信号牌外方增设特殊减速信号牌，即表面有反光材料的黄底黑"T"

字圆牌，字高为 250 mm，高宽比为 1：1.1，垂直插设于距线路中心大于 3.1 m 处的路肩上，并确保牢固（见图 2.9）。设置特殊减速信号（"T"字）牌前，防护员必须确认限速命令，并与设置减速防护信号标志同步。

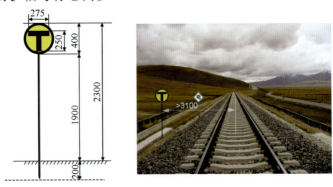

图 2.9　特殊减速信号（T字）牌　（尺寸单位：mm）

20.　怎样设置减速地点标？

答：减速地点标是设在需要减速地点两端各 20 m，顺列车运行方向（单线为顺计算里程方向）线路左侧路肩上距线路中心大于 3.1 m 处，表面有反光材料的白底黑色标记圆牌。设置时应垂直插设，确保牢固，正面表示列车应按规定限速通过地段的始点，背面表示列车应按规定限速通过地段的终点（见图 2.10）。

21.　怎样设置减速防护地段终端信号牌？

答：减速防护地段终端信号牌是告诉司机列车已通过限速地段，可按正常速度运行的一种行车信号，其为表面有反光材料的绿色圆牌，见图 2.7、图 2.8 的"背面"。

22.　普速铁路怎样设置作业标？

答：按来车方向设在施工线路及其邻线距施工地点两端 500～1 000 m 处路肩上，垂直插设在距线路中心大于 3.1 m 处，确保牢固（见图2.11）。司机见此标志须提高警惕，长声鸣笛。

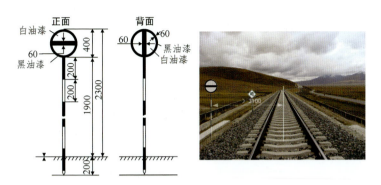

图 2.10 减速地点标（尺寸单位：mm）

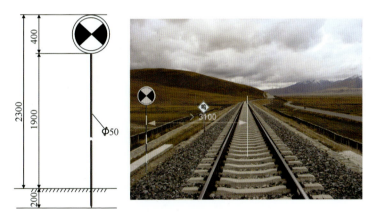

图 2.11 作业标（尺寸单位：mm）

23. 什么情况下使用手信号防护？

答：施工防护使用的手信号包括停车手信号和减速手信号。

（1）停车手信号：包括红色信号旗、红色信号灯，如图2.12所示；夜间无红色灯光时，可用白色灯光上下急剧摇动，特殊情况下无防护信号时两手高举头顶向两侧急剧摇动显示的停车信号，如图2.13所示。

图 2.12　停车手信号

图 2.13　非常情况下停车手信号

（2）红色信号旗主要在下述情况下左手展开，站在路肩上或随车移动：

①当线路发生故障，需在故障地点显示停车信号时；

②使用各种小车防护时；

③线路封锁施工防护时；

④特殊地段利用列车间隔施工防护时；

⑤维修作业防护时。

（3）突然发现接触网故障，需要机车临时降弓通过时，发现的人员应在规定地点显示下列手信号：

① 降弓手信号。

昼间——左臂垂直高举，右臂前伸并左右水平重复摇动；夜间——白色灯光上下左右重复摇动，如图 2.14 所示。

图 2.14 降弓手信号

② 升弓手信号

昼间——左臂垂直高举，右臂前伸并上下重复摇动；夜间——白色灯光作圆形转动，如图 2.15 所示。

图 2.15 升弓手信号

（2）减速手信号：要求列车降低到要求的速度。

昼间——展开的黄色信号旗；夜间——黄色灯光。

昼间无黄色信号旗时，用绿色信号旗下压数次；夜间无黄色灯光时，用白色或绿色灯光下压数次。

24. 什么情况下昼间需改用夜间信号防护？

答：视觉信号包括以信号机、信号牌、信号灯、信号旗、火炬发出的光色，以及有的徒手动作表示的信号，分为昼间、夜间及昼夜通用信号三种。在昼间遇降雾、暴风雨及其他情况，致使停车信号显示距离不足 1 000 m，注意或减速信号显示距离不足 400 m，调车信号及调车手信号显示距离不足 200 m 时，应使用夜间信号。

第二节　普速铁路施工防护管理

25. 普速铁路施工作业怎样进行防护？

答：普速铁路施工作业防护应遵守以下规定：

（1）封闭网（栅栏）等安全防护设施内进行的营业线施工、维修作业及可能侵入安全限界的邻近营业线施工作业，必须按规定设置驻站联络员和现场防护员。

（2）现场防护员应根据施工作业现场地形条件、列车及施工车辆运行特点、施工人员和机具材料布置等情况确定站位和移动路径，并做好自身防护。

（3）作业过程中，驻站联络员与现场防护员必须保持通信畅通并坚持每 3～5 分钟联系制度，确认通信良好。进行联系时应相互复诵，做好防护记录，必要时应使用密码。一旦联控通信中断，现场防护员应立即通知作业负责人命令所有作业人员携带机具、材料下道至安全地点。

（4）现场防护员接到驻站联络员发出预报，确报，变更通知后，应立即通知施工负责人或按规定信号（号角或喇叭，信号旗等）向施工负责人重复鸣示，直至对方回复为止。同时应加强警戒，注意瞭望，监视来车与工地情况。如设置中间联络员时，应按上述方式准确及时将信息传达给对方。

（5）驻站联络员应加强与车站值班员的联系，预报及确报双线（或多线并行）区段反方向来车时，驻站联络员应及时通知现场防护员、施工负责人。

（6）双线（及多线并行）区段邻线来车时，现场防护员应及时将来车信息通知施工负责人，并督促施工负责人通知作业人员携带机具、材料按规定下道至安全地点避车或停止作业。

26. 普速铁路上道进行设备检查作业时应如何防护？

答：（1）凡上道进行设备检查作业，需合理设置驻站联络员与现场专职防护员，按规定进行运统-46登记。

（2）在线路允许速度 Vmax＞120 km/h 区段，应避开速度大于 120 km/h 的列车；无法避开时，应及时通报列车运行情况，并保持至少每 3～5 min 联系一次。在线路允许速度 Vmax≥160 km/h 区段进行检查作业时，应避开速度大于等于 160 km/h 的列车。

（3）在长大桥梁、隧道及瞭望、通信信号不良地段检查及作业时，必须在合适位置增设防护人员。

27. 轻型车辆及小车各指些什么？

答：轻型车辆是指随乘人员能将其随时撤出线路的轻型轨道车及其他非机动轻型车辆。小车是指轨道检查仪、单轨小车、吊轨小车、起道小车、小型液压捣固机，以及包括按《铁路交通事故调查处理规则》规定的人工推行的作业车、检测车、梯车等（不包括其他交通车辆）。当小车装载超过 2 根混凝土枕、6 根木枕、长度

8 m 的钢轨、总重 500 kg 四种情况之一时，均应按轻型车辆办理。

28. 普速铁路在区间使用轻型车辆及小车时应怎样防护？

答：普速铁路在区间使用轻型车辆及小车时的防护管理应遵守以下要求：

（1）上道必须设驻站联络员，在车站进行运统-46 登记，现场设专职防护员。

（2）在线路上人力推行轻型车辆（养路、养桥机械等）、装载较重的单轨小车必须在天窗点内，安排专职防护人员在前后各 800 m 处显示停车手信号，随车移动。如瞭望条件不良，应增设中间防护人员。

（3）普速铁路天窗点外使用探伤小车、轨检小车等随时能撤出线路的便携设备进行上线检查、检测作业时，必须根据区段列车运行速度在前后不少于 800 m 安排专职防护人员显示停车手信号，随车移动。如瞭望条件不良，禁止上道；必须上道时，应增设中间防护人员。

（4）在双线地段，单轨小车应面对来车方向在外股钢轨上推行。

（5）轻型车辆遇特殊情况不能在规定的时间内撤出线路，或小车不能随时撤出线路时，应立即通知驻站联络员转告车站值班员或列车司机紧急停车，并按规定进行防护。

（6）小车跟随列车后面推行时，距离列车尾部不得小于 500 m。推行中必须显示停车手信号，并注意瞭望。在双线地段遇有邻线来车时，应暂时收回停车手信号，待列车过后再行显示。

（7）使用轻型车辆时，须取得车站值班员对使用时间的承认，填发轻型车辆使用书（在区间用电话联系时，双方分别填写），并须保证在承认使用时间将其撤出线路至安全地点。

29. 普速铁路在车站内使用装载较重的单轨小车及人力推运轻型车辆时如何防护？

答：在车站内使用装载较重的单轨小车及人力推运的轻型车

辆时，必须在天窗点内或向车站申请，与车站值班员办理承认手续，并在其前后各 50 m 处显示停车手信号，随车移动防护。单轨小车原则上不得在邻近站台的一侧钢轨上推行。

30.普速铁路在区间线路养修作业,如何做好来车"预报"、"确报"工作?

答：施工负责人应通过驻站联络员与车站值班员保持密切联系，掌握列车运行时刻，设置好防护后方可施工。在作业过程中应密切注意来车"预报"、"确报"等信号。

① 预报：车站对施工区间办理闭塞时，驻站联络员应立即向现场防护员发出预报。如系通过列车，则应提前一个车站发出预报。

② 确报：车站向施工区间发车时，驻站联络员应立即向现场发出确报。

③ 施工地点距车站较近或施工条件较复杂，需提前预报、确报时，施工负责人应事先与驻站联络员商定明确，并通知全体防护员及施工人员。

④ 变更通知：预报、确报有变化时，驻站联络员应及时向现场防护员发出变更通知。

31. 邻近普速铁路营业线施工应该采取哪些安全防护措施?

答：（1）邻近营业线的 A 类、B 类施工，施工单位必须编制采取"防抛、防落、防撞、防倾覆、绝缘"等对营业线的保护措施，所设计的防护设施必须经铁路局（集团公司）主管业务处审查批准。在施工中，按规定设置驻站联络员和现场专职防护员，列车通过时应停止作业。

（2）邻近营业线的 C 类施工，施工单位必须结合营业线设备安全限界，划分工程机械的安全作业范围，设置安全警戒标志、标线，实行"一车一人"专人防护。对路基填筑、基坑、孔桩开挖、电缆沟、水沟开挖及弃土堆放等施工，必须对铁路路基基础采取"防溜、防坍塌"措施，并安排专人进行监控。

（3）邻近通信、信号及供电光（电）缆沟、给水管路、电力架空线 10 m 范围内的挖沟、取土、路基碾压等施工，必须对既有光（电）缆等隐蔽设施进行探测，并须划定安全作业区，在设备管理单位的监控下施工。必要时需对营业线运营设备进行迁改、过渡后方可进行施工。

（4）新线施工与营业线并行段需采取隔离防护措施。凡新线与营业线并行地段施工时，有条件情况下应采用防护栅栏、钢管栏杆等措施进行物理（硬）隔离，隔离设施应具有一定强度和稳定性；已经铺轨不再通行车辆、机械的地段也可采用防护绳等措施进行隔离防护。

（5）垂直于既有线路的车辆转弯处、桥涵结合部、车辆上下坡道处等关键地点，必须安装防撞设施，防止车辆失控侵入限界。

（6）路基帮宽等无条件设置物理隔离的施工，应限制列车运行速度或在天窗点内施工。

（7）凡邻近营业线，等高或高于既有线路的施工便道，均需安装公铁并行防护设施。

（8）严控施工车辆超载、偏载，施工车辆通过上跨桥时，应遵守限载要求，防止梁体受损或异物坠入。

（9）凡侵入铁路安全限界的上跨立交桥（包括附属设施）施工，必须在"天窗点"内进行，禁止任何"点外"施工作业（有棚架防护的连续梁施工，按路局或集团公司规定执行）。

（10）加强上桥作业通道管理，采取加锁和人员看守等措施，防止人员擅自进入桥面及异物坠入线路等不安全现象发生。

（11）凡邻近营业线的深基坑开挖、上跨（下穿）立交桥施工等影响路基稳定或可能发生坠物的施工重大危险源处，必须按路局（集团公司）有关规定设置进入线路的应急通道（作业口），实施24小时看守制度，揭挂应急处置流程明示牌，现场备应急防护备品（厂制短路铜线、信号旗、信号灯等），保证有可靠的通信工具（对讲机等），确保一旦发生异常情况，能够及时拦停列车。

（12）任何隔离措施均不能替代现场管理和人员防护，有关施工作业现场管理措施和安全防护必须严格执行。

（13）凡涉及邻近营业线施工的并行地段、施工便道、上跨（下穿）立交、深基坑开挖等施工作业安全方案审查时，有关部门和单位必须对安全防护措施重点审查、严格把关。不符合规定的方案不得审查通过。

上述安全措施的监督检查工作，由建设、监理、设备管理单位负责。各单位需认真履行各自职责，严格按照铁路营业线施工安全管理有关规定，加强现场管理和监督检查，发现违反上述规定的情况应责令施工单位停工处理。

32. 普速铁路线路发生危及行车安全的故障时应如何防护？

答：线路发生危及行车安全故障时的防护办法按照发生地点分区间和站内两种情况，根据并行线路条数分单线、双线（或多线）并行两种，及双线（或多线）并行区段是否危及邻线行车安全两种情况。

（1）故障发生在单线及双线（或多线）并行区间一线不危及邻线行车安全时：

① 立即使用列车无线调度电话等通信设备通知车站（转告列车调度员、列车司机）或直接呼叫即将通过该地段的在途列车停车，并在故障地点设置停车信号。如瞭望困难，遇降雾、暴风雨（雪）、扬沙等恶劣天气或夜间，还应点燃火炬。

② 当确知一端先来车，且列车未越过显示故障地段闭塞分区信号的信号机（或地面信号接收器）时，应先使信号机显示停车信号；如列车已越过显示故障地段闭塞分区信号机时，应先向来车端，再向另一端设置迫使司机紧急停车防护信号，使列车在故

障地点前停车。

③ 如不知来车方向，且无法用对讲机与车站或司机联系时，应在故障地点注意倾听和瞭望，发现来车，应急速奔向列车，用手信号旗（灯）或徒手显示停车信号等方式使列车在故障地点前停车。如瞭望困难，遇降雾、暴风雨（雪）、扬沙等恶劣天气或夜间，发现来车后，奔向列车前应在故障地点点燃第二支火炬。

（2）故障发生在双线（或多线）并行区间危及邻线行车安全时：

应按照第（1）条处理程序分别对本、邻线进行防护。

（3）故障发生在站内时：

站内线路、道岔发生故障时，应立即通知车站值班员（或列车调度员）采取措施，防止机车、车辆通往该故障地点，同时按《铁路工务安全规则》规定设置停车信号防护。

第三节　高速铁路施工防护管理

33. 高速铁路施工作业怎样进行防护？

答：高速铁路施工作业防护应遵守以下规定：

（1）所有进入高速铁路防护栅栏*、桥面、隧道内的施工、检修作业，以及可能影响行车安全的邻近营业线施工，必须设驻调度所（驻站）联络员和现场防护员，驻调度所（驻站）联络员按规定进行"运统-46"登记。

（2）驻调度所（驻站）联络员、现场防护员需采用具有可查询功能的通信设施（如 GSM-R 手持机等）。

（3）进入作业门（包括旅客应急救援疏散通道，以下简称"救援通道"）必须确认封锁命令已下达，并核实本、邻线施工车辆信息。

---

* 本书中防护栅栏指路基（堑）段防护栅栏。

（4）现场防护员应根据施工作业现场地形条件、列车及施工车辆运行特点、施工人员和机具材料布置等情况，合理确定站位和移动路径，并做好自身防护。

（5）作业过程中，驻调度所（驻站）联络员与现场防护员必须保持通信畅通，并按规定坚持定时联系制度，确认通信良好，做好防护记录，必要时应使用密码。

（6）进出作业门（或救援通道），必须认真执行高铁上道作业人员、机具、材料登记确认制度。

34. 高速铁路在线间距不足 6.5 m 地段进行清筛、成段更换钢轨及轨枕、成组更换道岔、成锚段更换接触网线索作业时，如何做好防护工作？

答：高速铁路在线间距不足 6.5 m 地段进行清筛、成段更换钢轨及轨枕、成组更换道岔、成锚段更换接触网线索施工作业时，邻线列车应限速 160 km/h 及以下，做好隔离并按规定进行防护。施工单位在提报施工计划时，应提出邻线限速的条件。

35. 高速铁路上道检查作业时应如何防护？

答：（1）首先设驻调度所（驻站）联络员，在调度所（或车站）进行运统-46 登记，现场设专职防护员。

（2）申请本线封锁，邻线限速不超过 160 km/h。

（3）进入作业门（或救援通道），必须确认上道命令已下达，并认真执行高铁上道作业人员、机具、材料登记确认制度。

（4）登记封锁及限速范围必须将经由作业门（或救援通道）地点所在里程包含在内。

36. 邻近高速铁路营业线施工应该采取哪些安全防护措施？

答：邻近高速铁路营业线施工应做好以下安全防护管理工作：

（1）邻近营业线的 A 类、B 类施工，施工单位必须编制采取

"防抛、防落、防撞、防倾覆、绝缘"等保护营业线措施，所设计的防护设施必须经铁路局（集团公司）主管业务处审查批准。在施工中，按规定设置驻调度所（或驻站）联络员，列车通过前应停止作业。

（2）邻近营业线的 C 类施工，施工单位必须结合营业线设备安全限界，划分工程机械的安全作业范围，设置安全警戒标志、标线，实行"一车一人"的专人防护。对路基填筑、基坑、孔桩开挖、电缆沟、水沟开挖及弃土堆放等施工，应对铁路路基基础采取"防溜、防坍塌"措施，并安排专人进行监控。

（3）邻近通信、信号及供电光（电）缆沟、给水管路、电力架空线 10 m 范围内的挖沟、取土、路基碾压等施工，必须对既有光（电）缆等隐蔽设施进行探测，并划定安全作业区，在设备管理单位的监控下施工。必要时需对营业线运营设备进行迁改、过渡后方可进行施工。

（4）新线施工与营业线并行段采取隔离防护措施，采用防护栅栏等措施进行物理（硬）隔离，隔离设施应具有一定强度和稳定性。

（5）垂直于既有线路的车辆转弯处、桥涵结合部、车辆上下坡道处等关键地点，必须安装防撞设施，防止车辆失控侵入限界。

（6）任何隔离措施均不能替代现场管理和人员防护，有关施工作业现场管理措施和安全防护办法必须严格执行。

（7）凡邻近营业线，等高或高于营业线线路的施工便道，均需安装公铁并行防护设施，严控施工车辆超载、偏载。通过上跨桥时，应遵守限载要求，防止梁体受损或异物坠入。

（8）凡侵入铁路安全限界的上跨立交桥（包括附属设施）施工，必须在"天窗点"内进行，禁止任何"点外"施工作业（有棚架防护的连续梁施工，按路局或集团公司规定执行）。加强上桥作业通道管理，采取加锁和人员看守等措施，防止人员擅自进入桥面及异物坠入线路等不安全现象发生。

（9）凡邻近营业线的深基坑开挖、上跨（下穿）立交桥施工等影响路基稳定或可能发生坠物的施工重大危险源处，必须严格管理，落实应急预案，保证有可靠的 GSM-R 手持机等。

（10）落实施工方案审查管理。凡涉及邻近营业线施工的并行地段、施工便道、上跨（下穿）立交、深基坑开挖等施工作业安全方案审查时，有关部门和单位必须对安全防护措施重点审查、严格把关。不符合规定的方案不得审查通过。

施工、建设、监理、设备管理单位需认真履行各自职责，严格按照营业线施工安全管理有关规定，加强现场管理和监督检查，发现违反上述规定的情况应责令施工单位停工处理。

37. 高速铁路线路发生危及行车安全的故障时应如何防护？

答：按照故障信息来源分两种情况：一是施工（或设备管理）主体人员作业或检查时发现危及行车安全的设备故障；二是施工（或设备管理）主体人员接到司机、调度所调度员或车站值班员通知的设备故障。

（1）得到信息后，施工（或设备管理）单位应立即派驻调度所（驻站）联络员——施工（或设备管理）主体人员施工、检修作业时已安排——驻调度所（驻站）联络员、现场防护员需采用具有可查询功能的通信设施（如 GSM-R 手持机等）。

（2）双线区间，在线间距不足 6.5 m 区段，驻调度所（驻站）联络员向列车调度员申请邻线设置限速不超过 160 km/h。如果列车调度员设置列控限速调度命令不成功，邻线按标准设置地面限速标志。

（3）上道检查前，必须确认本线封锁、邻线限速不超过 160 km/h 的命令下达后，方可进入作业门（或救援通道）。

（4）进出作业门（或救援通道）必须认真执行高铁上道作业人员、机具、材料登记确认制度。

（5）登记封锁及限速范围必须将经由作业门（或救援通道）地点所在里程包含在内。

（6）故障处理完毕，现场负责人检查确认现场设备具备开通条件，且所有人员、机具、材料全部撤出作业门（或救援通道）后，方可通知驻调度所（或驻站）联络员销记。

第三章　施工劳动安全

38. 铁路营业线及邻近营业线施工，施工单位应做好哪些劳动安全管理工作？

答：进行铁路营业线及邻近营业线施工时，施工单位应做好以下工作：

（1）建立以防止"车辆伤害，物体打击，高空坠落，触电伤害，机具伤害，起重伤害，锅炉、压力容器爆炸伤害，中毒窒息伤害"为重点的劳动安全风险动态排查机制，制定防控措施。作业人员应执行自控、互控、他控制度，提高自我保护意识，强化劳动安全风险控制。

（2）所有从业人员必须按规定进行相关安全知识的培训，经考试合格后方可上岗。

（3）按规定配发劳动保护用品，建立相关台账；作业人员必须按规定使用劳动保护用品，其中上线作业必须穿带有反光功能的防护服。

（4）编制施工作业方案时，应综合考虑作业区域本线、邻线的劳动安全风险，原则上严禁任何人进入两线间或穿越邻线；确需进入或穿越时，施工方案中必须有明确的安全控制措施，并认真落实。

39. 普速铁路作业人员下道避车时应遵守哪些规定？

答：普速线路下道避车分距钢轨头部外侧距离、本线下道距离、邻线下道距离、站内其他线路及小车检查作业等情况：

（1）距钢轨头部外侧距离：

① $V_{max} \leqslant 120$ km/h 时，一般应满足不小于 2 m；

② 120 km/h＜Vmax≤160 km/h 时，不小于 2.5 m；

③ 160 km/h＜Vmax≤200 km/h 时，不小于 3 m。

（2）本线来车按下列距离下道完毕：

① Vmax≤60 km/h 时，不小于 500 m；

② 60 km/h＜Vmax≤120 km/h 时，不小于 800 m；

③ 120 km/h＜Vmax≤160 km/h 时，不小于 1 400 m；

④ 160 km/h＜Vmax≤200 km/h 时，不小于 2 000 m；

（3）邻线（线间距小于 6.5 m）来车下道规定：

① 本线不封锁时：

a. 邻线速度 Vmax≤60 km/h 时，本线可不下道；

b. 60 km/h＜邻线速度 Vmax≤120 km/h 时，来车可不下道，但本线必须停止作业；

c. 邻线速度 Vmax＞120 km/h 时，下道距离不小于 1 400 m；

d. 瞭望条件不良，邻线来车时，本线必须下道。

② 本线封锁时：

a. 邻线速度 Vmax≤120 km/h 时，本线可不下道；

b. 120 km/h＜邻线速度 Vmax≤160 km/h 时，本线可不下道，但本线必须停止作业；

c. 邻线速度 Vmax＞160 km/h 时，本线必须下道，距离不小于 2 000 m。

d. 瞭望条件不良，邻线来车时，本线必须下道。

禁止在邻线上及线间距小于 6.5 m 的两线之间避车，严禁穿越邻线（股道）避车。避车时人员及机具、材料必须同时撤至限界之外并摆放整齐，不得放置在两线间及道床边坡上。

（4）在站内其他线路：

躲避本线列车时，下道距离不小于 500 m；邻线来车时，与正线相邻的站线按上述规定距离办理，其他站线可不下道，但必须停止作业；列车进路不明时必须下道避车。

（5）速度小于 120 km/h 的区段，瞭望条件大于 2 000 m 以上时，钢轨探伤小车、轨道检查小车作业，邻线来车可不下道。

（6）若瞭望条件不良，邻线来车时必须下道避车。两线间不得停留人员，机具、材料不得侵入限界，不得跨越邻线避车。

（7）人员下道避车时应面向列车，并注意观察动态中车辆状态，防止列车上的抛落、坠落物及绳索伤人。

（8）在无避车台、洞的桥、隧地段作业时，必须到桥隧外避车；在多线并行地段作业时，来车应及时到安全处所避车。

40．高速铁路上道应急检修作业时避车有哪些规定？

答：高速铁路上道应急检修作业必须确认本线封锁、邻线限速不超过 160 km/h。邻线来车时，作业人员可不下道，但必须停止作业，且严禁作业人员、机具、材料在两线间及来车一行的线路及路肩上。

41．进行铁路营业线及邻近营业线施工作业，如何防止车辆伤害？

答：为防止车辆伤害，进行铁路营业线及邻近营业线施工作业时应做好以下工作：

（1）进入安全防护设施以内及可能侵入铁路安全限界的施工，必须设驻调度所（或驻站）联络员。

（2）线路上作业必须按规定设置专职防护员。在瞭望困难的曲线和视线不足规定下道距离的地段施工作业，应增设中间联络（防护）员。

（3）进入封闭网（栅栏）以内的施工作业人员应穿带反光标识的黄色防护服，注意瞭望，安全避车。

（4）行车作业人员需严格执行人身安全标准，横越线路执行"一站（停）、二看、三确认、四通过"制度。在执行"看"和"确认"的过程中，有些单位及部门要求严格执行"手比、眼看、口呼"制度；有些单位及部门要求作业人员横越线路时严格执行"一站（停）、二看、三指、四确认、五通过"制度。

（5）严禁扒乘机车车辆，严禁作业人员跳车、钻车、扒车和由车底下、车钩上传递工具材料。

（6）在封闭网（栅栏）内步行上下班时，应固定行走路线，在路肩或路旁行走。邻近行走路肩一行来车时，应止步迎车，注意观察动态中车辆运行状况，防止车上绳索及飞物伤人。

（7）严禁在钢轨上、车底下、轨枕头、道心内、棚车顶上坐卧、站立或行走。

（8）在邻近高站台股道内进行作业，必须掌握列车运行时刻，加强与车站值班员的信息沟通，提前避开接发列车时段。

42. 施工作业如何防止高处坠落伤害？

答：高处作业必须做好以下防止高处坠落伤害方面的工作：

（1）戴好安全帽，按规定使用安全带（绳、网）。

（2）脚手架必须按规定搭设，作业前必须确认机具、设施和用品完好。

（3）禁止随意攀登石棉瓦等屋（棚）顶。

（4）禁止在 6 级及以上大风时登高作业。

（5）严禁患有禁忌症人员登高作业。

（6）登高进行扫、抹、擦、架设、堆放作业时，作业面下必须设置防护。

43. 施工作业如何防止触电伤害？

答：为防止施工作业造成触电伤害，施工单位及作业人员必须做好以下工作：

（1）电力作业人员必须持证上岗，按规定正确穿戴、使用劳动防护用品；维修电器设备的作业人员必须持证操作。

（2）现场使用的电器、电料、机具设备必须是合格产品，符合技术标准及国家标准；电器设备、线路必须保持完好。禁止使用未装触电保护器的各种手持式电动工具和移动设备。现场移动电器的电源线应使用相应规格的橡皮软电缆，并使用安装带有触电保护器的插座。触电保护器应定期试验，确保性能可靠。

（3）在高压线下作业必须严格按规定进行。

（4）电力设备作业必须按规定执行工作票和监护制度，挂"禁止合闸，有人作业"标牌。

（5）电气化铁路区段作业人员必须严格执行《电气化铁路有关人员电气安全规则》。

（6）工地照明及施工用电必须按"一机一闸，一漏一箱"布置设备。低压动力线不得使用裸铜线，电线不得随地拖拉。严禁将电线缠绕在钢筋等金属物上。临时用电电线应架空布置，横过通道的可穿管理地敷设，其架空高度及相关要求应符合有关规范。

（7）熔断器的熔丝熔断后应查明原因，在排除故障后方可更换，熔丝容量必须按用电负荷大小装设，严禁使用铜丝、铁丝等金属代替。

（8）在有爆炸危险物品的场所及危险品仓库内应采用防爆型电气设备，其开关宜装设在室外。

（9）凡在施工中用发电机提供施工及照明电源时，应符合下列规定：

① 发电机在使用前应制定严格的发电机操作规定，以及必需的倒闸操作程序；

② 发电机的额定功率应满足施工用电的需要，严禁超负荷运行；

③ 发电机周围禁止存放易燃物品，并应配备消防器材；

④ 现场同时存在外电源供电情况时，双路电源之间应有完善的闭锁措施。

（10）所有电线、电器、开关、插座等必须完整、无破损、性能良好。开关箱必须有防雨设施，铁壳开关箱必须接地，各回路闸刀应标明名称，开关和熔断器必须上端接电源，下端接负荷。严禁在一个开关上连接多台电动设备；严禁用零线代替接地线。

44. 施工作业如何防止起重伤害?

答：起重作业人员必须持证按规定规程操作，严禁多人或无人指挥；严禁在吊物下方站立和行走。

45. 施工作业如何防止物体打击伤害?

答：为防止物体打击伤害，施工作业必须做好以下工作：

（1）进入作业区，必须按规定戴好安全帽，正确使用劳动保护用品。

（2）高处和双层作业时，不得向下抛掷料具；无隔离设施时，严禁双层同时垂直作业。

（3）列车通过时，必须面向列车避车，防止物体击伤。

（4）搬运重、大、长物体时，必须有专人指挥，动作协调。

46. 施工作业如何防止机具伤害?

答：为防止机具伤害现象发生，施工作业必须做好以下工作：

（1）各种机具必须有切合实际的安全操作规程。

（2）机具设备严禁带病或超负荷运转，安全防护装置必须齐全、良好。

47. 如何防止炸药、锅炉、压力容器爆炸?

答：为防止炸药、锅炉、压力容器爆炸伤害，所有火工用品必须严格按有关规定进行作业和储存；作业人员必须持证操作；无压设备、设施，严禁有压运行。

48. 如何防止中毒、窒息伤害?

答：为防止中毒、窒息伤害现象发生，施工作业必须做好以下工作：

（1）有毒物品的运输、装卸、储存，必须严格按照《铁路危险货物运输管理规程》执行。

（2）使用有毒物品的场所，作业前必须采取通风、吸尘、净化、隔离等措施，并正确使用劳动保护用品。

（3）对有毒作业场所要定期监测，作业人员要定期进行体检。

49. 普速铁路手推调车（小车）应注意哪些事项？

答：手推调车（小车）作业，应采取以下安全措施：

（1）下列情况禁止手推调车：

① 在超过 2.5‰坡度的线路上；

② 遇暴风雨雪天气，车辆有溜走可能或夜间无照明时；

③ 接发列车时，能进入接发列车进路的线路上无隔开设备或脱轨器；

④ 装有爆炸品、压缩气体、液化气体的车辆；

⑤ 电气化区段，接触网未停电线路上的棚车、敞车类车辆。

（2）手推调车，必须要有胜任人员负责制动，速度不得超过 3 km/h。

（3）手推调车时，必须在车辆两侧进行，禁止进入线路或站立在钢轨面上，并注意脚下有无障碍物。

（4）禁止以牵引的方式进行手推调车。

（5）手推小车必须遵守以下规定：

① 小车连同货物总重不得超过 500 kg，货物装载高度不得影响推行人员对前方线路的瞭望，宽度不得超过线路轨枕；

② 禁止在超过 2.5‰坡度的线路上手推小车；

③ 必须以手直接推的方式进行，禁止借助工具推行小车或牵引方式进行；

④ 手推小车，作业人员不得少于 2 人。

50. 在行车速度大于 160 km/h 的线路区段施工作业，应执行哪些人身安全保护措施？

答：目前，行车速度大于 160 km/h 的区段为高铁（客专、城际铁路）及其联络线，为确保在上述区段施工作业人身安全，应落实以下措施：

（1）"天窗"点外禁止任何人进入封闭栅栏、桥面、隧道内进行任何作业。

（2）遇线路抢险、抢修，必须进入栅栏内进行作业时，须经总调度长（调度所主任）批准，并发布调度命令，严格执行本线封锁、邻线限速 160 km/h 及以下的规定；施工（作业）必须在与作业面等长的双线之间设置带有反光标志的拉绳等防护措施（拉绳等防护设施必须牢固稳定，距邻线内侧钢轨头部外侧不小于2.5 m）；遇邻线来车时，驻所（站）联络员必须提前 10 min 通知现场防护员，确保本线作业人员按规定提前停止作业或下道避车。

（3）160 km/h 以上列车通过前，所有作业人员必须按照规定撤离至安全地点避车。

（4）在线间距不足 6.5 m 地段进行作业（包括清筛或成段更换钢轨轨枕、成组更换道岔、接触网抢修必须使用梯车、应急处理等）时，邻线列车应限速 160 km/h 及以下，并按规定设置防护。

（5）双线区段一线慢行或封锁作业时，需设置隔离设施或拉绳防护（夜间须有反光标志）。严禁跨线避车，禁止跨越邻线搬运机具、材料。特殊情况需跨越邻线时，必须申请临时天窗，并采取有效安全措施。

（6）在路肩以外封闭栅栏内进行施工作业，施工单位必须在路肩上设置安全防护警示绳与线路隔离，按作业范围设置防护。

51. 电气化区段作业，应采取哪些劳动安全控制措施？

答：电气化区段作业，为确保施工劳动安全，应注意以下事项：

（1）用于装载机具、材料的施工（作业）平车不准搭乘人员；桥涵隧路等高空施工（作业）必须满足高空作业安全要求。

（2）各种车辆、机具、设备不得超过机车、车辆限界，施工（作业）人员和机具与接触网必须保持 2 m 以上安全距离，不足 2 m 时，必须按规定办理停电手续，并确认停电后方准施工（作业）；

任何金属器具，在距接触网带电设备大于 2 m，小于等于 5 m 时，必须有可靠的接地装置，禁止用零线代替接地线。

（3）遇有大雾、暴风雨（雪）、扬沙等恶劣天气时，应停止施工作业。

（4）野外作业遇雷雨时，作业人员应放下手中的金属器具，迅速到安全处所躲避，严禁在大树、支柱、铁塔下、电杆旁和涵洞内躲避。在雷雨天巡视检查设备时，不得使用含有金属材料的伞，身体不得直接与金属物接触，必须远离接触网支柱、综合接地及其引接线，防止电击或触电。

52. 上下工地在封闭网（栅栏）内行走，应注意些什么？

答：作业人员上、下工地在封闭网（栅栏）内行走，必须设专职防护员随队防护；在距钢轨头部外侧规定距离（详见第 39 条）以外的路肩上依次行走，不得过于分散（前后距离不宜超过 50 m；否则，应增设防护）；当遇路肩宽度不足，来车时应在路基边坡等安全处所避车或采取提前避车等其他保证安全的措施。双线区间，应面迎来车方向行走，本线来车时应停止行走并列队面迎列车，注意观察动态车辆状况，防止车上绳索及飞物伤人；防护员应单手举拢起的黄旗接车。必须在道心行走时，施工负责人应在队列前后设置专人防护，现场防护必须坚持与驻站（或驻调度所）联络员的及时通话制度。

53. 双线地段天窗点外作业时，作业方向有什么要求？

答：双线地段天窗点外作业，作业人员应面向来车方向，禁止单人离开作业群体。

54. 遇有停留车辆及休息时，严禁作业人员做哪些工作？

答：严禁作业人员钻车、扒车或从车钩上、下传递机（工）具；绕行停留机车车辆时必须距离机车车辆 5 m 以外，并注意机车车辆动态和邻线来车情况。严禁在钢轨上、轨枕、道心坐卧或在车底下避雨、乘凉、休息。

55. 在桥面上和隧道内作业怎样避车？

答：在桥面上和隧道内作业来车时，所有作业人员必须撤至避车台（洞）避车。避车台（洞）的安全距离不满足规定时，应提前撤出桥面或隧道避车。

56. 在驼峰地段作业有什么规定？

答：在驼峰地段作业必须执行"停轮修"。驼峰推峰调车、溜放作业时，严禁作业人员上道。在峰下缓行器两制动轨间施工作业时，必须在两制动轨间放置安全木。

57. 捣固车、清筛车、稳定车作业时，怎样确保配合、监控人员人身安全？

答：捣固车、清筛车、稳定车作业时，配合、监控大机作业质量的人员，在大机作业方向前部时，与大机宜保持不少于 8 m 的距离，在大机后部时，与大机宜保持不少于 5 m 的距离，并不得私自到非作业线路；必须到非作业线路时，应与驻站联络员联系，确保安全，并尽快返回作业区域。

58. 使用撬棍、切割机等进行钢轨作业时，对人员站位有什么要求？

答：使用撬棍、切割机等进行钢轨作业时，人员不得在机具前方站立、停留，防止机具伤害。

59. 带电机械必须安装什么保护装置？

答：带电机械应按规定安装漏电保护装置，使用前认真检查，确保漏电保护装置作用发挥和作业人员人身安全。

60. 锅炉等压力容器使用有什么要求？

答：锅炉等压力容器应按特种设备管理要求，按期进行安全鉴定，不得逾期使用。

61. 在地面2 m以上的高处或陡坡上进行高空作业有哪些要求？

答：在地面2 m以上的高处或陡坡上进行高空作业时，作业人员必须戴安全帽、系好安全带或安全绳，安全带、安全绳每次使用前，使用人必须详细检查。各单位每半年对安全带、安全绳做一次鉴定，并做好以下工作：

（1）高空临边作业必须设置防护围栏和安全网；悬空作业必须有可靠的安全防护设施；分层作业时，下部作业人员必须戴安全帽，上部作业人员严禁向下抛扔工具材料。未设置隔离设备时，严禁双层作业。

（2）在无砟人行道桥上拧动护木螺栓及钩螺栓时不得向桥外方向使劲。桥面及人行道上不准有露尖的铁钉。

（3）脚手架搭设完毕，必须经施工负责人全面检查验收后方能使用。

62. 乘坐轨道车作业人员应注意哪些事项？

答：原则上乘坐轨道车人员应集中出发、集体返回。乘坐时，必须坐稳扶牢，车未停稳禁止上下，平车上严禁搭乘人员。

第四章　营业线施工

第一节　基本知识

63. 什么是既有线？什么是营业线？

答：营业线和既有线是因为施工而引出的两个概念。营业线是指铁路客货运输对外公布营业的线路；既有线是个相对词，是指正常铁路运输生产中，已经和路网并轨开通，铁路机车车辆在正常运行的线路。铁路线路不完全是客货运输对外公布营业的线路，比如军事运输的专用线路、临管运行的线路、场间联络线等。新《铁路交通事故调查处理规则》实施后，既有线的概念拓展到了合资铁路、地方铁路及专用铁路。

64. 对铁路营业线运行安全容易构成直接威胁的重点施工项目主要有哪些？

答：对铁路营业线运行安全容易构成直接威胁的重点施工项目是指在铁路营业线路上进行的，影响营业线设备稳定、使用和行车安全，且无法纳入图定预留综合维修天窗，需要单独提报施工计划及要点施工的各种大型工程项目。具体分为基础建设项目和大中修项目两大类。

65. 什么是站前工程？什么是站后工程？

答：站前工程、站后工程主要是针对新建线路或大型站场改造施工而言，具体来说：

（1）站前工程主要指：

① 铁路路基、桥梁、涵洞、隧道、轨道等；

② 区间铺轨架梁全线铺通；无缝线路；

③ 边坡防护、绿化等工程。

（2）站后工程主要指：

① 信号、通信、电力（含牵引供电）工程（俗称"四电"）；

② 房屋建筑、道路；

③ 信息系统；

④ 站段环保绿化、水保工程（与各项主体工程同步）。

铁路营业线施工不能严格区分站前、站后，而且也没有准确的前后顺序，多数是同时的，或者有时先"站后"后"站前"，因此应与营业线施工具体内容结合起来。

66. 什么是铁路营业线施工？

答：铁路营业线施工是指影响营业线设备稳定、使用和行车安全的各种施工作业，按组织方式、影响程度分为施工和维修两类。

（1）施工是指影响设备稳定、使用和行车安全的营业线及邻近营业线作业项目，其显著特点是对营业线设备稳定和行车安全影响较大，施工安全技术组织措施需办理审批手续，与相关单位签订安全协议，大多线上施工项目需封锁或办理慢行手续。

（2）维修项目是指作业前不需限速（新的《铁路营业线施工安全管理办法》明确规定施工封锁点前也不限速），作业后须达到正常放行列车条件，并且在维修天窗时间内能完成的项目。

67. 铁路营业线施工管理有哪些模式？

答：铁路营业线施工管理主要分国家铁路及国家铁路控股的合资铁路两种情况，采用的营业线施工安全管理模式主要为：铁路总公司（原铁道部）——铁路局（集团公司）——站段（分公司）的管理模式。而其他形式的合资铁路营业线施工安全管理模式主要参照国家铁路及国家铁路控股的合资铁路，其管理模式主要为：集团公司——公司——分公司（段）的模式，如神华集团铁路运输系统多为该种模式。

68. 如何加强铁路营业线施工管理？

答：为规范铁路营业线施工管理工作，确保施工质量、施工进度和施工安全，有关单位及部门需认真做好以下工作：

（1）建设、设计、施工、监理、行车组织、设备管理等单位和部门必须牢固树立"营业线施工是运输组织重要组成部分"的理念，坚持"运输、施工兼顾"的原则和"安全第一、预防为主、综合治理"的方针。

（2）营业线施工实行铁路总公司、铁路局（集团公司）、车务段（直属站）分级管理，逐级审批制度。维修计划和铁路总公司负责审批以外的施工计划，全部由铁路局（集团公司）负责审批。正线、到发线以外对运输影响较小的施工计划审批权限，由铁路局（集团公司）界定。

（3）严格施工计划管理，加强施工组织和施工期间的运输组织，按计划、有组织地进行各项施工工作。同时，施工单位应积极推广使用技术先进的施工机具和施工方法，提高施工作业效率和质量。

（4）施工、维修作业可采用平行作业的方式，综合利用天窗，提高天窗利用率。严格按照运行图预留的慢行附加时分控制线路慢行处所。一般情况下，繁忙干线和干线原则上单线1个区段慢行处所不超过2处，双线1个区段每个方向慢行处所不超过2处，同一区间内慢行处所不超过1处（包括施工慢行处所）。各项施工要按规定控制慢行速度和慢行距离。

（5）针对施工需要，编制施工分号运行图时，可依据慢行附加时分，适当增加施工慢行处所。滚动施工阶梯提速，按一处慢行处所掌握。施工后产生的慢行在12 h以内恢复常速时，可不统计慢行处所。

（6）设备管理单位要实时掌握施工和维修作业动态，段调度

（生产指挥中心）要对当天施工和维修作业计划、作业进度、安全防护措施、盯控干部到岗离岗情况实时掌握并记录。

（7）影响行车或影响行车设备稳定、使用的施工项目未经申报批准严禁施工，擅自施工或擅自扩大施工内容和范围的，一经发现立即停工并追究施工单位责任。

69. 铁路营业线施工主要管理人员及主要工种安全培训有哪些要求？

答：铁路营业线施工主要管理人员及主要工种安全培训应遵守以下规定：

（1）施工项目经理、副经理，安全、技术、质量等部门主要负责人和监理单位项目总监、副总监、监理工程师、监理员必须经铁路总公司（或铁路局、集团公司）营业线施工安全培训。

（2）施工单位的安全员、防护员、联络员、带班人员和工班长必须经过铁路局（集团公司）有关部门培训，参与营业线施工的其他作业人员应由站段一级负责组织培训。

（3）路内单位施工、检修作业人员的培训、考试、持证纳入铁路局（集团公司）培训教育计划，每年培训、验证一次。

（4）路外单位在铁路局（集团公司）管内进行铁路营业线的施工作业人员培训、考试、发证等工作由铁路局（集团公司）建管处、安监室负责组织，培训部门建立培训及发证登记台账。培训考核结果及发证情况，于培训结束后5日内报铁路局（集团公司）营业线施工考核办公室。

（5）爆破员必须经县级以上公安部门培训，特种设备检验和操作人员培训必须按照《特种设备安全监察条例》进行培训。

（6）不允许未经培训或培训不合格的人员担任上述工作。

未经培训或培训不合格的人员担任上述工作，要追究施工单位领导的责任；培训合格的上述人员担任上述工作时，因施工安全知识不达标发生事故的，将追究培训部门的责任。

70. 如何签订施工安全协议？

答：签订施工安全协议的程序为：

（1）施工方案审核通过后，施工单位方可与设备管理单位和行车组织单位按施工项目分别签订施工安全协议。

（2）施工安全协议书的基本内容应包括：

① 工程概况（施工项目、作业内容、地点和时间、影响范围）；

② 施工责任地段和期限；

③ 双方所遵循的技术标准、规程和规范；

④ 安全防护内容、措施及专业结合部安全分工（根据工点、专业实际情况，由双方制定具体条款）；

⑤ 双方安全责任、权利和义务（包括共同安全职责和双方各自安全职责）；

⑥ 违约责任和经济赔偿办法（包括发生铁路交通责任事故时双方所承担的法律责任）；

⑦ 安全监督检查和基建、更新改造项目配合费用；

⑧ 法律法规规定的其他内容。

（3）施工单位在提报施工计划申请时，必须同时提报施工安全协议。未签订施工安全协议的施工计划申请，铁路局（集团公司）主管业务处室不予审核，严禁施工。

（4）设备管理单位在自管范围内进行的维修作业，不需签订施工安全协议，涉及非自管设备时应与相关单位签订施工安全协议。

营业线施工安全协议书格式见附件 3，邻近营业线施工安全协议书格式见附件 4。

71. 什么是施工作业流程图？

答：施工作业流程图俗称"网络图"，是把每个工序时间用网络方式在每个时间节点上表述出来，一目了然，能够一眼看出哪些是平行作业，在什么时间节点干什么工作，如图 4.1 所示。

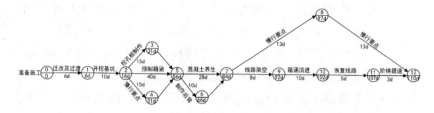

图 4.1　××线 K220+300 立交施工作业流程图

72. 什么是施工流程网络图?

答:施工流程网络图是用网络的形式把施工流程表述出来,同时将各类施工要素在网络图上进行标注,适用于多工种配合的复杂施工及大型施工,其编制条件为:

(1)施工级别(Ⅰ、Ⅱ级施工);

(2)开通后需改变供电方式、行车限制卡内容、信号显示方式、LKJ 数据换装的施工项目;

(3)多方向车站、线路所停用"信、联、闭"设备需办理多方向非正常接发列车的施工项目;

(4)停用"信、联、闭"设备 120 min 及以上需办理非正常接发列车且施工工序复杂的施工项目;

(5)主体施工单位为非设备管理单位的施工,需 2 个及以上施工单位配合且施工工序复杂的施工项目;或需开行 2 列及以上路用列车配合且施工工序复杂的施工项目;

(6)设备管理单位为主体施工单位的施工,施工时间在 180 min 及以上且施工工序复杂的施工项目。

73. 施工流程网络图由哪些部分组成?

答:施工流程网络图由网络图、平面示意图、主要施工内容、安全卡控关键、现场施工把关小组五部分组成(见附件 10)。

(1)网络图:由各工序作业流程及时分、各工种平行联合作业及时分、关键节点、本项施工关键线路等组成。网络图主要用于分解施工作业项目,合理安排施工时间,妥善处理各工种之间的配合、结合,防止相互干扰,确保本项施工安全正点开通。

(2)平面示意图:通过平面示意图标注,反映施工作业地点、施工作业组织安排、施工车辆机械进出停留位置等状况。

(3)主要施工内容:反映施工日计划内容、施工目的、主要工作量、施工人员、机械组织等。

(4)安全卡控关键:主要反映行车室、施工现场及行车作业点等需进行安全把关的重点事项。

(5)现场施工协调小组:现场施工安全把关的人员组成、联系方式等。

74. 怎样编制施工流程网络图?

答:施工流程网络图铺画原则上由施工、维修、建设项目机构牵头组织。施工流程网络图的铺画、打印、张贴由主体施工单位负责牵头,部门(单位)负责编制人由施工主体单位指派。

(1)施工流程、时间节点由施工主体和施工配合单位负责提供;安全关键卡控按专业分工提供,包括车、工、电、供等专业相互之间的配合要求,由牵头部门、单位依据施工流程、施工组织安排、车站运输生产、列车运行安排、路用车进出等内容,组织综合研究,确定网络图关键线路、同步进行的非关键线路、平面示意图、安全卡控关键、现场施工把关等内容。

(2)在施工预备(协调)会上,对铺画的施工流程网络图进行优化、完善,施工现场把关人员暂不能确定时,施工点名会上把关人员在施工流程网络图上签字后揭挂。施工流程网络图由施工协调小组组长(副组长)或指定人员审核、署名。

(3)施工开始前在专项会议上讲解、并经各专业现场负责人签字后,在行车室进行揭挂。

(4)建设单位、运输单位与施工单位、配合单位、设备管理单位共同负责施工安全把关,确保施工项目按施工流程网络图规定的施工节点、流程、时间兑现，真正实现施工安全有序，确保施工质量和按点开通。

75. 施工单位"两图一表"的内容是什么？

答：施工单位的"两图一表"是指：施工方案示意图、施工作业流程图和安全关键卡控表，如××车站更换道岔施工方案示意图（见附件 11），成组更换道岔施工作业流程图（见附件 12），成组更换道岔施工安全关键卡控表（见附件 7）。

76. 调度运输部门"一图二表"的内容是什么？

答：路局（集团公司）调度所的"一图二表"是指：施工期间列车运行调整图和非正常运行列车径路表、时刻表。

在Ⅰ、Ⅱ级施工时，路局（集团公司）调度所要根据施工计划铺画施工期间列车运行调整图和非正常运行列车径路表（如反方向运行、按规定变更径路运行等）。同时，车务段（直属站）编制非正常列车径路、进路示意图、列车运行计划表、安全关键卡控表等。

77. 电气化铁路线路作业应遵守哪些规定？

答：在电气化铁路线路作业时应遵守下列规定：

（1）进行抽换轨枕、找小坑、改正轨距等线路作业时，对电气化及信号装置的接地线及轨端连接线，必须保持其正常连接；如需临时拆除接触网接地线时，施工单位应与供电部门配合，采取相应的安全措施后方准开工；作业完毕后应及时恢复接地线，拧紧螺栓并达到合格后，方可结束施工；如接地线需连接时，由供电部门负责完成，严禁在钢轨上焊接。

（2）线路大、中修及技术改造，需起道或拨道时，施工单位应预先通知供电段、电务段等单位。上述单位应派人到场监护并测量支柱内侧与轨道中心的距离及接触网导线距轨面的高度，使其符合限界及《电气化铁路电气安全规则》的规定。

静态检查建筑接近限界时，接触网必须停电。

（3）维修作业起道高度单股一次不得超过 30 mm，且隧道、桁架桥梁内不得超过限界尺寸线；拨道作业，线路中心位移一次不得超过±30 mm；一侧拨道量年度累计不得大于 120 mm，并不得侵入限界。

在接触网支柱不侵入建筑物接近限界的条件下，桥梁上一侧拨道量年累计不得大于 60 mm，且应满足线路中心与桥梁中心的偏差，钢梁不大于 50 mm，圬工梁不大于 70 mm。线路允许速度 120 km/h＜v_{max}≤200 km/h 时，钢梁、圬工梁不得大于 50 mm。

起道或拨道量超出上述规定时，须预先通知接触网工区予以配合。

（4）在电气化区段清除危石、危树时，应有供电部门人员配合。

（5）爆破作业有碍接触网及行车安全时，应先停电后作业。

78. 在自动闭塞和有轨道电路区段施工时，应严格执行哪些规定？

答：在自动闭塞和有轨道电路区段施工时，应严格执行下列规定：

（1）养路机具、轻型车辆、轨道检查小车、道尺等，均须有绝缘装置。

（2）单轨小车、吊轨小车手柄及撬棍等，均应安装绝缘套管。取放工具、抬运钢轨、辙叉及金属料具，不得搭接两股钢轨及绝缘接头、引入线及轨距杆。

（3）缘轨轨距杆使用时，必须经电务部门检测，确认合格后方可上道使用。对上线使用的绝缘轨距杆应进行定期检查、检测。

79. 在非自动闭塞的电气化区段上更换钢轨时有哪些规定？

答：在非自动闭塞的电气化区段上更换钢轨时，应遵守下列规定：

（1）原则上严禁在同一地点将两股钢轨同时拆下。如确需在同一地点将两股钢轨同时拆下时，必须对该供电区段实行停电。

（2）换轨前应在被换钢轨两端轨节间纵向安设一条截面不小于 70 mm^2 的铜导线。导线两端用夹子牢固夹持在相邻的轨底上，如图 4.2 所示。该连接线在换轨作业完毕后方可拆除。

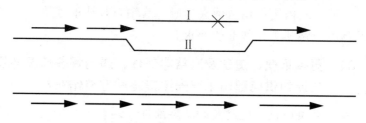

Ⅰ—被更换的钢轨；Ⅱ—纵向连接线

图 4.2　非自动闭塞电气化区段更换钢轨示意图

80. 在自动闭塞的电气化区段上更换钢轨时有哪些规定？

答：在自动闭塞的电气化区段上更换钢轨时，应遵守下列规定：

（1）原则上严禁在同一地点将两股钢轨同时拆下。如确需在同一地点将两股钢轨同时拆下时，必须对该供电区段实行停电。

（2）换轨前应在被换钢轨两端的左右轨节间横向各设一条截面不小于 70 mm^2 的铜导线。导线两端用夹子牢固夹持在相邻的轨底上，如图 4.3 所示。

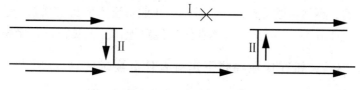

Ⅰ—被更换的钢轨；Ⅱ—纵向连接线

图 4.3　自动闭塞电气化区段更换钢轨示意图

（3）更换钢轨时，应有供电人员在场配合；如需拆开回流线时，必须有供电人员在场配合并负责监护。在未设置好分路电线之前，不得将回流线从钢轨上拆开。拆装回流线的工作由供电人员完成。

（4）涉及半自动接近区段施工时应有电务人员在场。不需要钢轨回流的电气化区段供电人员可不配合施工。

（5）在站内更换钢轨或夹板时，其钢轨导线的连接方法必须考虑轨道电路和车站作业的要求。

81. 更换钢轨、道岔及联结零部件，遇到哪些情况必须先通知供电部门采取安全措施后方准作业？

答：更换钢轨、道岔及联结零部件，遇有下列情况之一时，必须先通知供电部门采取安全措施后方准作业：

（1）更换带有回流线的钢轨。

（2）更换牵引变电所岔线和通往岔线线路的钢轨及其主要联结零部件（如夹板、辙叉等）。

（3）有接触网的线路上，在同一地点同时更换两股钢轨或夹板。

（4）更换整组道岔。

更换工作完毕，必须经供电人员检查符合供电要求后，方准撤除临时安全设施。

82. 钢轨、道岔打磨车作业时，作业负责人在什么情况下方可开始作业？

答：钢轨、道岔打磨车作业时，作业负责人应提前联系、通知、确认施工作业命令已下达，作业区域线路无作业人员方可开始作业。

83. 大机在作业模式下走行有什么要求？

答：大机在作业模式下走行，速度不得超过 10 km/h（打磨车、探伤车除外）；大机准备走行（转移）前，负责该组大机的防护员应提前通知大机走行经过的所有作业组负责人或防护员下道避车后，方可动车。

84. 有砟轨道无缝线路作业必须执行的基本制度是什么？

答：有砟轨道无缝线路作业必须认真执行"一准、两清、三测、四不超、五不走"制度：

一准：准确掌握实际锁定轨温；

二清：维修作业半日一清，临时补修作业一撬一清；

三测：作业前、作业中、作业后测量轨温；

四不超：作业不超温，扒砟不超长，起道不超高，拨道不超量；

五不走：扒开道床未回填不走，作业后道床未夯拍不走，未组织验收不走，线路质量未达到作业标准不走，发生异常情况未处理好不走。

85. 营业线及邻近营业线施工，如何对光（电）缆进行安全防护？

答：营业线及邻近营业线施工，必须对光（电）缆进行安全防护，具体办法如下：

（1）开工前，施工单位必须事先与电务、通信、供电等单位联系，制定相应措施，签订施工配合协议，并按规定报局（集团公司）相关部门审批；

（2）开挖路基时，必须由配合单位人员探明光（电）缆位置，设置必要的防护措施；

（3）使用机械开挖路基时，必须先人工开挖纵横探沟，确认光（电）缆位置，现场做好限高、限界防护，实行"一车一人"专人防护；

（4）施工完毕，相关单位必须对施工范围内的光（电）缆线路安全进行检查确认。

86. 营业线及邻近营业线施工，现场安全管理必须做到哪些到位？

答：营业线及邻近营业线施工，现场安全管理必须做到人员到位、职务到位、责任到位、业务水平到位。

87. 进行营业线施工时，哪些情况不准施工，严禁发生哪些问题？

答：（1）发生下列任何情况即不准施工：未签订《施工安全协议》；未经有关部门审批安全技术组织措施；技术交底不清、安全责任不明；施工前准备不到位；未按规定设好防护；施工负责人不到位；施工配合人员及安全监督检查员不到位；调度命令未下达；人员资质不到位；未登记《运统-46》。

（2）营业线施工严禁发生下列问题：没有计划施工；无施工（作业）计划在天窗点外上道、天窗点前提前上道或天窗点后不及时下道；施工负责人低职代高职；防护员及安全监督检查员无证上岗；防护员兼做其他工作；未经批准变更作业计划或擅自扩大作业范围；未与驻站（所）防护人员确认列车情况上道；无职工带领民工上道；施工结束后路料、机具未清理并按规定堆码、存放即开通线路；达不到放行列车条件开通线路。

88. 进行营业线施工时，行车组织部门（单位）应卡控哪些安全关键？

（1）必须参加施工方案会、施工协调会（或周计划平衡会）、点前预备会和施工总结会，细化施工运输组织方案。

（2）必须清楚施工方案、运统-46登记内容、设备使用条件、调度命令内容、施工行车办法和安全措施。

（3）行车组织部门（单位）发现以下情况，必须执行否决权。同时，未经车站（车务段）负责人同意，配合施工人员不准擅离岗位。

① 无计划、无施工安全技术组织措施不准施工；

② 值班干部不提前到岗（普速铁路为 40 min、高铁为 60 min）监督落实施工安全措施时，车站值班员不准签点；

③ 不清楚设备使用条件时，不准操作信号设备或使用线路（包括手摇道岔）；

④ 未确认位置正确的道岔不准擅自钉固、加锁，已钉固、加锁的道岔未经确认不准解锁；

⑤ 施工完毕未确认放行首列列车条件时，不转盲目放行列车。

89. 进行营业线封锁施工时，工务系统现场安全管理的关键环节有哪些？

答：工务系统进行营业线施工时，现场安全管理的关键环节为施工要点、点前准备、施工防护、放行列车条件、开通后的整修巡养（包括阶梯提速）、防止机具材料侵限等。同时，对装卸路料防偏载、侵限，及电气化区段未设好回流线严禁拆除钢轨施工进行重点盯控。

90. 进行营业线电务施工作业时，哪些情况下不准动用设备？

答：进行营业线电务施工作业时，下列情况下不准动用设备：

（1）未登记联系好不动；

（2）对设备的性能、状态不清楚不动；

（3）正在使用中的设备不动。

91. 营业线电务施工作业时，严禁哪些行为？

答：营业线电务施工作业时，严禁下列行为：

（1）严禁甩开联锁条件，借用电源动作设备；

（2）严禁封连各种信号设备电气接点；

（3）严禁在轨道电路上拉临时线沟通电路造成死区间，或盲目用提高轨道电路送电端电压的方法处理故障；

（4）严禁色灯信号机灯光灭灯时，用其他光源代替；

（5）严禁人为沟通道岔假表示；

（6）严禁未登记要点使用"手摇把"转换道岔；

（7）严禁代替行车人员按压按钮、转换道岔、检查进路、办理闭塞和开放信号。

92. 营业线供电施工时，发生哪些情况不准作业？

答：营业线供电施工作业时，有下列情况不准作业：

（1）停电作业无作业票、无调度命令不准作业；

（2）倒闸作业无调度命令（操作卡片）、不确认不准作业；

（3）作业组无防护、作业人员无监护不准作业；

（4）未做好验电接地不准作业；

（5）施工登记未得到值班员（列车调度员）签认不准作业。

93. 营业线供电施工作业时，必须做好哪些关键工作？

答：营业线供电施工作业时，必须做好以下工作：

（1）宣读工作票必须全体作业人员在场，做到人人明确作业分工、作业对象、作业范围和安全注意事项；

（2）作业防护、监护人员必须明确防护、监护对象、范围，做好施工登销记，杜绝违章作业，防止意外事故；

（3）作业前必须认真检查安全用具和工具，状态良好方准使用；

（4）大型施工或整段更换线索，必须有段级干部到场指挥；

（5）监护、作业人员必须精力充沛，注意力集中，禁止做与工作无关的其他事。

94. 建设项目不具备哪些条件不准施工？

答：建设项目施工必须具备施工条件，存在下列任一情况，即不准施工：

（1）未办理质量安全监督手续；

（2）无建设单位审查批准的施工方案、安全技术组织措施；

（3）无开工报告；

（4）没有与设备管理单位、行车组织部门签订《安全协议》和未经路局（集团公司）有关部门批准；

（5）没有书面的技术交底。

95. 施工安全监护员如何做好本职工作?

答:首先,施工安全监护员要检查施工单位的施工安全技术组织措施是否经相关部门审批,是否按规定签订施工安全协议,本单位是否按规定制定配合措施,进行安全教育和技术交底。

其次,施工安全监护员要做到"四清楚"、"三到位"。

"四清楚":

(1)清楚施工起止地段及起止时间;

(2)清楚施工作业内容及影响安全范围;

(3)清楚施工作业的技术标准;

(4)清楚施工作业的安全措施。

"三到位":

(1)于开工前 1 h 到位,并在施工单位的签到簿上签认;

(2)对施工作业的全过程监控到位,做到施工不停止,监督检查不间断;

(3)工作责任要到位,发现问题要及时填发施工安全整改通知书或施工安全停工通知书。发现危及行车安全的问题要立即责令施工方停止施工,并指导施工单位做好安全防护工作。

96. 运营单位的安全监督检查及配合费用是如何办理的?

答:运营单位的安全监督检查及配合费用纳入概(预)算,按《铁路基本建设工程设计概(预)算编制办法》及《铁路运输固定资产大修支出管理办法》规定程序支付,安全监督检查和配合费用按铁路局(集团公司)上年度公布的人均工资换算计算(不含局或集团公司内大、中修及维修项目)。

安全监督检查和配合人员费用需在安全协议中明确,运营单位要对安全监督检查员及施工配合费用专项管理,同时建立费用使用管理办法,加强考核管理。车间、中间站、班组不得私自收取各类名目的施工配合费用。

第二节　施工方案

97．施工方案编制的十大要素是什么？

答：施工方案应和施工组织设计联系起来，参考《铁路施工组织设计指南》）相应要求来做，涉及要点施工时应按以下项目进行编制。

施工方案编制的十大要素主要是指施工项目基本情况、技术标准、运输条件、施工程序及施工过渡方案、施工条件、劳力组织、施工方法及质量、安全措施、应急预案、指挥体系等。

（1）施工项目基本情况

① 项目基本情况，如：施工项目及负责人、作业内容、地点和时间，以及施工影响及限速范围、设备变化等具体施工内容。

② 需实现的目标或阶段性目标。

③ 属独立项目或子系统分项目单独发挥效益。

④ 独立项目中关键的子系统分项目及关键时间节点。

⑤ 施工示意图和施工分阶段示意图是否准确、完整、清晰、明了，正确反映施工目的。

（2）技术标准

① 施工采用的技术标准及开通后的设备标准是否满足设计要求，电气化区段施工结束后对接触网等供电设备有何影响，并经监理确认。

② 施工采用非标技术或试验项目时是否经过设计、监理签认，并经建设管理机构、部门和有资质的单位（部门）审核批准。

③ 施工时间采用的行车办法是否符合《铁路技术管理规程》、《行车组织管理规则》等运输管理部门规定的要求。

④ 如采用突破现有行车组织管理规章制度的特殊方法施工时，是否违反《铁路技术管理规程》、《××铁路局（集团公司）行车组织管理规则》管理规定；如有违反，是否制订了可靠的安

全措施，并经铁路总公司、铁路局（集团公司）规章管理部门批准。

⑤ 施工需要大件设备运输到现场时，其装载加固方案和运输限制条件是否能满足施工现场的自然和施工条件，是否经路局（集团公司）货运部门审核批准。

⑥ 所有参加本项施工的负责人、行车人员、安全把关人员和监督人员是否按规定经过培训，明确本项施工的施工程序、技术标准、安全措施和应急预案。

⑦ 更换车站联锁软件，须明确软件更换的因由、更换后的功能、显示界面、操作变化等事项。

（3）运输条件

① 施工处于什么线路（繁忙干线、干线还是其他线路；单线、双线还是多线）。

② 列车运行图规定的行车密度、天窗时段。

③ 提出的施工时间和时段是否影响跨局（集团公司）列车（含动车组）的开行，是否需要铁路总公司调整列车运行径路或时间，是否需要调整管内客车开行时间或停运管内客车，对货物列车运行的干扰和影响程度如何。

④ 施工项目是否会影响其他行车设备的正常使用。如有影响，影响范围是否正确，周期多长，是否会对运输生产造成重大干扰，甚至影响区域国民经济的发展。

⑤ 施工前后的列车运行条件。

（4）施工程序及施工过渡方案

① 按施工内容和运输限制条件合理安排分阶段开通，细化每个阶段的施工计划和实现目标。

② 施工流程图是否与施工内容及分阶段实现目标相一致，各时间节点是否与运输条件相吻合。平行作业时的关键线路控制和时间节点能否再进行优化。

③ 施工程序是否能依据运输限制条件进行调整。

④ 施工方式及流程、施工过渡方案。

（5）施工条件

① 上道工序完成的时间节点和工程质量能否满足本项施工要求。

② 施工技术设计（含变更设计、过渡设计）是否完成。

③ 安排的施工用机械、机具、路材路料是否能满足施工进度的要求。

④ 地下管线、隐蔽设施是否全部探查清楚，采取搬迁或保护措施。涉及铁路外单位的地下管线、隐蔽设施，是否已经与路外单位进行联系与协调。上跨线、上跨桥、铁路安全保护区内施工等与既有行车固定设备之间的空间几何距离的调查、测量是否已完成。

⑤ 安排夜间施工的照明是否满足施工要求（按垂直和水平 lx 测算）。如不满足，是否安排了足够的照明器具，照明器具是否有安装设置条件。

⑥ 明确向设备管理单位提供技术资料（施工图、竣工图、联锁图表、使用说明书、产品质保书）的时间节点安排。设备管理单位是否已经掌握维修技术，是否对操作、维修人员安排培训或实施委托管理。

⑦ 明确向设备使用单位、行车相关单位、路局（集团公司）相关部门提供 LKJ 基础数据等有关技术资料的时间节点和安排（含电气化区段送电公告、行车限制卡发布、供电示意图、供电调度远动界面的修改）。

⑧ 对需要进行轧道或牵引试验的机车车辆明确实施方案。

（6）劳力组织

① 施工和配合是否到位，现有技术力量和劳动力是否能满足施工要求。

② 各作业点和时段的技术力量和劳动力安排是否匹配，有无欠员和冗余情况。

③ 检查监督是否按规定要求配置安全员、防护员、把关人员

和施工安全监督员，是否依据施工安全需要配置，并明确分工、落实责任。

④ 需要外借劳动力时，同时审核施工队伍是否具备施工资质、是否按本项施工要求安排了上岗前的教育计划，进行了岗前培训。

（7）施工方法及质量

① 施工采取的具体作业方法能否保证作业进度。

② 平行作业或多项作业相互间有无干扰和影响。

③ 作业结合部的分工是否明确。

④ 机械、人工配合作业时分工是否明确、合理。

⑤ 采用的施工工艺是否满足现场的自然、施工和运输条件。

⑥ 施工质量的保障措施。

⑦ 施工验收安排。

（8）安全措施

① 施工安全的保障措施，安全风险分析。分别从设备机具、运输条件、劳动安全、施工工艺、防火防爆、危险品使用管理、工作环境、用电和电器等方面分析可能存在的安全隐患。

② 根据分析确定安全控制点和相应的防范措施。

③ 施工防护办法及防范措施的责任落实（责任到人），以及与之配套的防护设施及备品。

④ 安全协议对涉及本项施工的防护条件和措施有无遗漏，是否需要针对本次施工的安全风险进行补充完善。

⑤ 结合部安全控制是否做到纵向到底、横向到边，是否有明确、清晰的责任界定。

⑥ 各施工、配合、行车单位是否已制订完整安全措施和无遗漏的安全卡控表。

⑦ 人员、移动设备（含车辆）、施工机械、机具等距离供电设备安全距离不足时，是否已采取停电等安全措施。

⑧ 移动设备（含车辆）及施工机械倾倒、吊臂旋转、起重设

备索具断裂、物体坠落、液体渗漏等侵入供电设备安全限界距离的各类施工，是否采取停电等安全措施。

⑨ 影响供电设备基础稳定和地下隐蔽设施的各类施工是否设立观测点，并定期进行观测；影响地下隐蔽设施安全的各类施工，是否制订行之有效的安全防范措施。

⑩ 可能发生施工人员、机具、设备、材料及物体坠落、液体渗漏侵入铁路限界、供电设备安全限界的施工，是否已采取有效物理隔离措施。

⑪ 大型机械、临时构筑物、起重设备吊臂旋转施工，是否采取可控的防倾倒、防旋转、防断裂等措施。

⑫ 是否梳理一切可能发生的施工设备设施侵限、影响基础稳定、地下隐蔽设施、接触网安全距离不足等安全问题。

（9）应急预案

① 对可能产生的应急项目是否进行了趋势分析，确定了应急方案。

② 是否对现有的应急资源进行调查，并明确调用方法。对需要利用外部的应急资源，是否进行了联系并明确需使用时的联系人和联系方式。

③ 对突发事件是否明确了报告程序和方法，建立了网络图，并按网格化管理要求，明确各网格负责人在突发事件发生后的权利与职责。

④ 对使用危险品、爆破作业的施工，是否制订并明确了威胁人身安全情况发生时的撤离线路、避难措施和撤离使用的运输工具。

⑤ 是否有明确的作业人员发生受伤时的输送路线和工具。

⑥ 对列车大面积晚点时，是否有明确的备用施工方案。

⑦ 对施工导致列车大面积晚点或施工延误时，是否有明确的补救措施或方案。

⑧ 明确各类应急情况发生后，哪些部分的工作由常态进入应

急状态。

（10）指挥体系

① 成立组织：根据施工等级按铁路运输系统文件规定成立施工协调小组，确定施工协调小组的组长和成员单位，并明确施工协调小组的权限与职责。

② 确立体系：依据施工的需求，设立若干个分小组，从专业管理、现场指挥、施工作业、行车组织、安全把关监控、后勤保障等方面明确施工领导小组的权限与职责。

③ 注明标识：明确施工指挥和各施工、配合、把关单位负责人和有关人员佩带标识，便于在施工中识别。

④ 制订网络：依据各单位上报施工、配合、把关负责人名单，制订融施工指挥和安全保障为一体的网络图，并明确报告、联系流程和联系方式（电话、对讲机、集群电话或手机等）。

⑤ 组织协调：明确方案审查结束后直至施工开始所有工作进入常态，由建设、运输部门负责协调施工组织工作，依据会议纪要检查施工方案的落实情况并提报施工计划，直至施工开始。

⑥ 形成纪要：依据方案审查会议确定的事项，参会单位签字并形成会议纪要。对在方案审查会涉及未参加会议单位的非重要事项由建设、运输部门负责组织协调，重要事项需重新召开方案审查会。

98. 营业线施工专项施工方案包含哪些内容？

答：营业线施工专项施工方案内容包括：编制依据、施工项目及负责人、作业内容、地点、时间、影响范围、施工方式及流程、施工采用的大型机具、施工组织、施工安全和质量保证措施、施工防护办法、列车运行条件、施工作业区平面示意图和立面示意图，必要时附现场照片和复杂施工项目、结构等方面的检算报告等内容。

99. 怎样进行施工方案的提报与审核？

答：（1）提报的施工方案应包括：施工项目及负责人、作业内容、地点和时间、影响及限速范围、设备变化、施工方式及流程、施工过渡方案、施工组织、施工安全和质量的保障措施、施工防护办法、列车运行条件、验收安排等基本内容。

（2）施工方案由主体施工单位制定，经相关设备管理单位会签后，上报铁路局（集团公司）主管业务处。其中，铁路基础建设项目的施工方案应先报项目管理机构预审，再报铁路局（集团公司）主管业务处。

（3）铁路局（集团公司）主管业务处负责对提报的施工方案组织审查，初步确定施工等级。Ⅰ、Ⅱ级施工分别报Ⅰ、Ⅱ级施工协调小组审定，Ⅲ级施工由有关业务处室共同审定。

（4）施工单位在提报施工方案时，应实事求是，优化施工组织，合理提报施工时间，尽力减少对运输的影响。

（5）施工方案审核通过后，施工单位应与设备管理单位和行车组织单位按施工项目分别签订施工安全协议，主管业务处（铁路基础建设项目为项目管理机构）向运输处报请施工计划。

（6）施工单位提报施工计划申请时，必须同时提报施工安全协议。未签订施工安全协议的施工计划申请，铁路局（集团公司）主管业务处室不予审核，严禁施工。

100. 如何制定跨局（集团公司）通信施工方案？

答：（1）施工申请铁路局（集团公司）电务处以书面形式，向受施工影响的铁路局（集团公司）电务处函告施工方案；需其他铁路局（集团公司）配合施工时，施工申请铁路局（集团公司）电务处还须向施工配合铁路局（集团公司）电务处函告施工方案以及需要配合的施工项目、时间等内容。

（2）受施工影响铁路局（集团公司）电务处在收到施工通知函后5天内会同本铁路局（集团公司）相关部门，对本铁路局（集团公司）管内施工受影响范围、时间及施工影响区段运输调整方

团公司）主管业务处室编制维修计划并向调度所提报；

（3）普速铁路延伸段的维修计划：由设备管理单位向调度管辖区段车务段（直属站）提报，由车务段（直属站）负责审核、编制后，报调度所安排实施。

（4）跨局（集团公司）界施工、维修作业时，应服从调度管辖局（集团公司）的《行车组织管理规则》。

（5）界口相邻局（集团公司）运输、调度部门应定期召开分界口会议（一般半年一次或在运行图调整时进行），并形成"会议纪要"，对会议纪要确定的事项，界口相邻局（集团公司）的施工、维修、运输调度部门和所在地的车务部门均应严格执行。

103. 铁路总公司负责审批的施工计划内容有哪些？

答：铁路总公司负责审批的施工计划项目主要有：

（1）影响高速铁路和普速铁路跨局（集团公司）旅客列车（含高速铁路确认列车）停运、变更运行区段、改变始发终到时刻和局（集团公司）间分界站运行时刻的施工。

（2）影响繁忙干线和干线跨局（集团公司）货物列车停运的施工。

（3）调整繁忙干线和干线跨局（集团公司）货物列车编组计划的施工。

（4）调整繁忙干线和干线跨局（集团公司）车流运行径路，实行迂回运输的施工。

（5）变更繁忙干线和干线跨局（集团公司）货物列车牵引定数的施工。

（6）编制跨局（集团公司）施工分号列车运行图的施工。

（7）繁忙干线封锁正线 180 min 及以上、影响全站（全场）信联闭 240 min 及以上的施工。

（8）因特殊原因，繁忙干线（大秦线，石太线，侯月线，新焦线，新菏线，兖菏线除外）慢行处所超过规定时。

（9）中断跨局（集团公司）行车通信业务的施工。

（10）中断繁忙干线 6 h 及以上或干线 7 h 及以上且同时中断两站以上行车通信业务的通信网络设备施工。

104. 铁路总公司负责审批的施工计划有哪些要求？

答：铁路总公司审批的施工，由铁路局（集团公司）进行施工方案审核和施工计划编制，并制定运输调整方案和安全措施，铁路总公司运输局组织相关部门进行审批。运输调整由运输部门负责，施工方案由各专业部门对口负责。铁路局（集团公司）依据铁路总公司运输局批复，编制具体施工计划并组织实施。

105. 如何加强营业线施工计划管理？

答：营业线施工计划分为年度轮廓施工计划、月度施工计划、施工日计划和维修计划。铁路总公司运输局负责全路繁忙干线集中修年度轮廓施工计划的编制，审批高速铁路、繁忙干线、干线铁路总公司管施工项目月度施工计划和繁忙干线及干线分界口施工停运计划；铁路局（集团公司）运输处负责组织编制本铁路局（集团公司）年度轮廓施工计划、月度施工计划；铁路局（集团公司）调度所负责编制施工日计划，高速铁路、繁忙干线铁路总公司管施工的日计划须由铁路局（集团公司）调度所报运输局调度处审核。

106. 运输局什么时间组织召开繁忙干线集中修年度轮廓施工计划协调会？

答：每年 12 月份，铁路总公司运输局组织有关铁路局（集团公司）召开繁忙干线集中修年度轮廓施工计划协调会。

107. 运输局负责审批铁总管施工项目月度施工计划及繁忙干线和干线分界口停运计划审批程序是什么？

答：运输局负责审批铁总管施工项目月度施工计划及繁忙干线和干线分界口停运计划，审批程序如下：

（1）每月 13 日前，铁路局（集团公司）运输处与相关处室及施工单位协调编制次月高速铁路、繁忙干线和干线铁总管施工项目申请计划及繁忙干线和干线分界口停运申请计划，经分管运输副局长（副总）批准后，繁忙干线施工申请计划经铁路总公司施工计划管理系统、其余以文电形式上报运输局调度处，同时抄送运输局相关专业部门。

对于繁忙干线和干线以外的其他线路影响跨局（集团公司）运输的施工，施工计划可由施工铁路局（集团公司）与相邻铁路局（集团公司）商定后报铁路总公司备案。

（2）铁路总公司运输局每月 17 日左右组织相关部门研究确定次月铁总管施工项目月度施工计划。

（3）铁总管施工项目月度施工计划及繁忙干线和干线分界口停运计划，经铁路总公司运输局调度处主任（副主任）批准后，于每月 20 日前以铁路总公司文电形式下达有关铁路局（集团公司），纳入铁路局（集团公司）月度施工计划。

108. 如何编制铁路局（集团公司）年度轮廓施工计划？

答：铁路局（集团公司）运输处于每年 12 月初组织有关业务处室编制铁路局（集团公司）次年年度轮廓施工计划，各业务处室应提前提出部门年度轮廓施工计划。年度轮廓施工计划包括：站场、线路、桥隧、信联闭、通信、接触网等行车设备大、中修及技术改造等主要施工。

109. 怎样编制铁路局（集团公司）月度施工计划？

答：（1）施工单位于每月 9 日前将次月施工计划申请上报铁路局（集团公司）主管业务处室（建设项目施工计划申请应先报项目管理机构预审，再报主管业务处室）。各业务处室对施工计划申请进行审查汇总，由主管处长批准后，于 11 日前向运输处提出次月月度施工计划申请表；

（2）运输处每月组织相关业务处室和主要施工单位审查编制月度施工计划，主要内容报分管运输副局长（副总）决定。月度施工计划经分管运输副局长（副总）批准后，以铁路局（集团公司）文件下发各站段和有关施工单位。

（3）双线车站电务为主、工务综合利用的每月每站2次、每次不少于30 min的设备检修垂直天窗，分站别在月度施工计划中公布（或在运行图文件中公布）；

（4）超出维修天窗时间的区间装卸路料计划应纳入月度施工计划；未纳入月度施工计划的临时区间装卸路料，有关业务处室提前3日向调度所提出计划，由调度所负责协调安排。防洪、抢险区间装卸路料由调度所及时安排。

110. 如何编制铁路局（集团公司）施工日计划？

答：（1）施工单位于施工前3日将施工日计划申请报铁路局（集团公司）主管业务处室（建设项目施工日计划申请应先报项目管理机构预审，再报主管业务处室），主管业务处室审核（盖章）后，于施工前2日9：00前向调度所施工调度室提报施工日计划申请。

（2）Ⅰ级施工、高速铁路和繁忙干线铁总管施工项目，铁路局（集团公司）调度所于施工前2日15：00前将施工日计划提报铁路总公司运输局调度处，运输局调度处根据铁路总公司月度施工计划和批准的施工文电进行审核后，于施工前2日18：00前将施工日计划反馈相关铁路局（集团公司）调度所。

（3）编制施工日计划应以月度施工计划为依据，施工调度室应将主管业务处室提报的施工日计划申请与月度施工计划（批复文电）进行核对，编制施工日计划，经铁路局（集团公司）运输处主管副处长或调度所主任（副主任）审批后，纳入调度日计划。Ⅰ级施工、高速铁路和繁忙干线铁总管施工项目的施工日计划于施工前1日15：00前报铁路总公司运输局调度处。

（4）施工调度室于施工前 1 日 12：00 前（0：00—4：00 执行的施工日计划于前日 8：00 前）将施工日计划下达有关机务段、动车段、运转车长所属单位和车务段（直属站），传（交）主管业务处室、相关列车调度和计划调度台。主管业务处室负责通知施工单位、配合单位，车务段（直属站）负责通知相关车站。

111. 铁总管施工项目月度计划及繁忙干线和干线分界口停运计划审批程序是什么？

答：（1）每月 13 日前，铁路局（集团公司）运输处与相关处室及施工单位协调编制次月繁忙干线和干线铁总管施工项目申请计划。

（2）繁忙干线施工申请计划经分管运输副局长（副总）批准。

（3）铁路总公司运输局每月 17 日左右组织相关部门研究确定次月铁总管施工项目月度施工计划。

（4）铁总管施工项目月度施工计划及繁忙干线和干线分界口停运计划，经铁路总公司运输局调度处主任（副主任）批准后，于每月 20 日前以铁路总公司文电形式下达有关铁路局（集团公司），纳入铁路局（集团公司）月度施工计划。

112. 铁路营业线重点施工计划下达流程是什么？

答：铁路营业线大型施工项目按要求均纳入计划管理，实行铁路总公司、铁路局（集团公司）、车务段（直属站）分级管理，逐级审批制度。施工计划分为年度轮廓施工计划、月度施工计划和施工日计划（重点施工计划下达流程图见附件 8）。

113. 未纳入月度施工计划的施工项目如何报批实施？

答：未纳入月度施工计划的施工项目，建设项目施工计划应先报项目管理机构预审，再经主管业务处室审查，经分管运输副局长（副总或总调度长）批准的程序。需增加铁总管施工项目时，铁路局（集团公司）提前 10 天向铁路总公司运输局提出申请电报（涉及修改 LKJ 基础数据、旅客列车提前开车和停站变化、快运货物班列提前开车和装卸车组织站变化的须提前 15 天），经铁路总公司运输局批准后方可安排施工。

114. 特殊情况下如何调整月度施工计划？

答：月度施工计划原则上不准变更。特殊情况必须进行调整时，由施工单位提前 5 天向铁路局（集团公司）主管业务处室和运输处提出书面申请，由运输处调整施工计划。涉及 LKJ 基础数据变化的施工日期不得提前。纳入月度施工计划的施工项目原则上不准停止施工，因专特运及调整车流等原因需停止施工时，须经分管运输副局长（副总或总调度长）批准并于前日 14：00 前以调度命令通知有关单位。已批准的铁总管施工项目需停止施工时，须经铁路总公司运输局调度处主任（副主任）批准。对于停止的施工，铁路总公司运输局调度处和铁路局（集团公司）调度所应尽快重新安排，因停止施工引起的本月未按月计划完成的连续性施工，可顺延至下月。

第四节　施工等级

115. 施工作业项目有哪些？

答：（1）线路及站场设备技术改造，增建双线、新线引入、电气化改造等施工。

（2）跨越、穿越线路、站场的桥梁、涵洞、管道、渡槽和电力线路、广播通信（讯）线路、油气管线以及铺设道口、平过道等设备设施的施工。

（3）在铁路安全保护区内架设、铺设管道、渡槽和电力线路、通信线路、杆塔、油气管线等设施的施工。

（4）在规定的安全区域内实施爆破作业，在线路隐蔽工程（含通信、信号、电力电缆径路）上作业，影响路基稳定的各种施工。

（5）在信号、联锁、闭塞、CTC/TDCS、列控等行车设备上的大中修、改造施工。

（6）影响营业线正常运营的铁路重要信息系统运行环境改造、软硬件平台更新、应用软件变更等施工。

（7）设置在线路上的安全检测、监控设备的新建、技术改造、大中修及 TPDS、TADS 设备标定施工。

（8）承载行车通信业务的通信网络调整施工和中断行车通信业务的通信设备施工。行车通信业务是指列车调度语音通信、无线调度命令信息、无线车次号校核信息以及列控数据等与列车运行相关的信息传送业务和承载列车控制、CTC/TDCS、信号闭塞、5T、牵引供电远东、防灾监控等系统的网络通道。

（9）线路大中修，路基、桥隧涵大修及大型养路机械施工。

（10）成段破底清筛、更换钢轨或轨枕，成组更换道岔（含钢轨伸缩调节器），更换轨枕板施工。

（11）无缝线路应力放散。

（12）开挖路基、路基注浆、基桩施工影响路基稳定的施工。

（13）距离铁路行车线中心 200 m 范围内，经审定须封锁进行的控制爆破施工。

（14）高速铁路线路、路基、桥隧涵病害整治，冻害整治，更换轨枕（板）及道岔主要部件等施工。

（15）高速铁路整锚段更换接触线、承力索，更换接触网支柱，隧道内接触网预埋件整治等施工。

（16）其他影响营业线设备稳定、使用和行车安全的施工。

116. 施工等级是如何划分的？各包含哪些内容？

答：施工等级实行Ⅰ、Ⅱ、Ⅲ级管理制度。高速铁路相关联络线及动车走行线、新建设计速度 200 km/h 的铁路及相关联络线和动车走行线按高速铁路管理；既有线提速 200～250 km/h 区段按普速铁路管理。

（1）高速铁路：

Ⅰ级施工：

① 超出图定天窗时间且需要调整图定跨局（集团公司）旅客列车开行（含确认列车）的大型站场改造、新线引入、全站信联闭改造、CTC 中心系统设备及列控系统设备改造、换梁、上跨铁路结构物等施工。

② 中断跨局（集团公司）行车通信业务且影响范围内有图定列车运行的 GSM-R 核心网络设备施工。

Ⅱ级施工：

① 不需要调整图定跨局（集团公司）旅客列车开行（含确认列车）的站场改造、新线引入、全站信联闭改造、CTC 中心系统设备及列控系统设备改造、整锚段更换接触线或承力索、换梁、上跨铁路结构物施工。

② 中断跨局（集团公司）行车通信业务且影响范围内没有图定列车运行以及中断本铁路局（集团公司）行车通信业务且影响范围内有图定列车运行的通信网络设备施工。

Ⅲ级施工：除Ⅰ级、Ⅱ级施工以外的各类施工。

在普速铁路和高速铁路并行地段，普速铁路施工和维修作业应与高速铁路做好物理隔离，进出栅栏门严格执行高速铁路上道作业登记确认制度。

（3）普速铁路：

① Ⅰ级施工：

a. 繁忙干线封锁 5 h 及以上、干线封锁 6 h 及以上或繁忙干线和干线影响信联闭 8 h 小时及以上的大型站场改造、新线引入、信联闭改造、电气化改造、CTC 中心系统设备改造施工。

b. 繁忙干线和干线大型换梁施工。

c. 繁忙干线和干线封锁 2 h 小时及以上的大型上跨铁路结构物施工。

d. 中断繁忙干线 6 h 及以上或干线 7 h 及以上且同时中断两站以上行车通信业务的通信网络设备施工。

② Ⅱ级施工：

a. 繁忙干线封锁正线 3 h 及以上或影响全站（全场）信联闭 4 h 及以上的施工；

b. 干线封锁正线 4 h 及以上或影响全站（全场）信联闭 6 h 及以上的施工；

c. 繁忙干线和干线其他换梁施工；

d. 繁忙干线和干线封锁 2 h 以内的大型上跨铁路结构物施工；

e. 中断繁忙干线 4 h 以上或干线 5 h 以上且同时中断两站以上行车通信业务的通信网络设备施工。

大型养路机械维修、清筛，人工处理路基基床，成段更换钢轨和轨枕以及不影响邻线正线行车的更换道岔施工除外。

③ Ⅲ级施工为除Ⅰ级、Ⅱ级施工以外的各类施工。

117. 对影响较大的Ⅰ级施工有何特殊要求？

答：大型客运站、枢纽、高速铁路、繁忙干线和干线影响较大的Ⅰ级施工，按规定须铁路总公司审批时，由铁路局（集团公司）分管领导组织研究，提出施工方案、运输组织和安全措施等报铁路总公司运输局。根据施工对运输的影响情况，运输局组织相关铁路局（集团公司）及施工单位进行专题研究审定。

第五节　施工组织

118. 对担当施工及施工配合负责人的级别有什么要求？其职责是什么？

答：（1）施工负责人级别要求：

施工负责人由施工单位按照施工等级安排相应人员担当，做到施工负责人与其资历、职务相适应。建设项目Ⅰ级施工由标段项目负责人担当，Ⅱ级施工由标段副职担当，Ⅲ级施工由分项目负责人（副）担当；技术改造、大中修项目Ⅰ级施工由施工单位负责人担当，Ⅱ级施工由施工单位分管副职担当，Ⅲ级施工由施工单位段领导或车间主任（副）担当。

（2）施工配合负责人级别要求：

施工配合人员资格由铁路局（集团公司）规定，多数为Ⅰ、Ⅱ级施工配合负责人由配合单位不低于车间主任（副主任）及以上人员担当，Ⅲ级施工配合负责人由配合单位工长或班长担当，配合负责人的资格培训由配合单位教育部门培训并发证。

（3）施工及施工配合负责人的主要职责：

① 负责施工现场的组织指挥工作。检查施工和开通前的各项准备工作，指挥现场施工，安排施工防护，确认放行列车条件等；

② 负责协调解决施工中发生的问题，协调各单位施工作业，掌握施工进度，反馈现场信息，及时向施工协调小组汇报施工情况；

③ 负责总结分析施工（配合施工）组织、进度和安全等情况，对施工现场（本单位）的安全负责。

119. 铁路建设工程封锁施工应召开哪些会议？

答：铁路建设工程封锁施工应分别召开施工方案审查会、施工协调会、施工作业预备会和施工总结会。有些铁路局（集团公司）根据本单位施工特点要求每次封锁施工前召开施工点名会。

（1）施工方案审查会

施工方案审查会为铁路工程施工技术安全准备工作的一部分，由建设（项目）主管部门或设备主管部门负责组织召开，有关行车组织、设备管理、建设、设计、施工、监理等部门和单位参加，审查施工方案编制是否完善了"十大要素"（即施工项目基本情况、技术标准、运输条件、施工程序及施工过渡方案、施工条件、劳力组织、施工方法及质量、安全措施、应急预案、指挥体系等）。

（2）施工协调会（或周计划平衡会）

根据施工维修进程、施工准备情况、施工方案审查会要求以及施工期间的需要，由施工协调小组负责组织召开施工协调会，协调解决施工准备期间施工（维修）作业配合、施工（维修）方案中的重要问题；按权限组织有关车务、设备管理、建设、设计、施工、监理、安监、调度等部门和单位参加。

① 施工协调会召开。

施工协调会原则上应由施工协调小组负责组织召开，特殊情况运输部门可与局（集团公司）建设、业务管理部门联合组织召开。施工时间短、施工组织简单、需协调的事项较为单一的施工协调会及周计划平衡会，由站区或车站组织召开；施工协调会由施工协调小组组长（副组长）或指派小组成员负责主持召开。

② 施工协调会主要内容。

施工协调会重点协调解决各单位的施工组织、行车组织、调车作业配合及安排；协同部门联系方式、安全风险研判、安全注意事项和安全卡控措施；各单位安全把关人员及把关方式；各专业、部门、单位相互配合的事宜（尤其是涉及不同单位结合部的问题）；材料、劳力、机械准备；后勤保障、应急预案、开通方案等需要研究、完善的内容，减少施工、运输相互间的干扰和影响，确保施工（维修）作业安全。

维修天窗作业协调会由车务站段组织召开，必要时由路局（集团公司）或上级机关派人参加。协调管内维修天窗作业相关事项。经车务站段在会议上做出平衡，确定下周维修天窗计划后，由车务站段组织实施。

遇联锁区（单元）划分、多单位共用联锁区（单元）、集中配合整治等情况临时需要临时召开协调会时，由维修主体单位提出，车务站段组织召开，形成一致意见后实施。

（3）施工预备会

施工预备会由施工协调小组负责组织召开，有关行车组织、设备管理、建设、设计、施工、监理、安监、调度、公安等部门和单位参加。召开时间和参加单位（部门）由施工协调小组根据需要确定。Ⅲ级施工及维修作业预备会，由车务站段组织召开，必要时路局（集团公司）或上级机关派人参加。

① 施工预备会主要内容。

施工预备会是检查、落实施工方案审查会、施工作业协调会要求，围绕施工各项准备工作，重点审查各施工（维修）单位的作业组织措施、行车组织措施、开通方案、安全把关卡控及应急预案，劳力、机械、材料、物质安排等情况，检查施工计划和安全措施的掌握、传达、培训等准备情况，特别是涉及非正常行车的准备情况，协商确定涉及不同单位结合部的协调问题。

施工预备会重点进行以下内容：核实施工方案审查会确定事项的落实情况；确定具体运输组织方案和行车组织办法；明确施工主体单位、相关单位、配合单位；审查施工人力、机具、物质、材料等的准备情况；审查各单位自身和结合部安全卡控措施；明确各自施工、配合、行车单位把关人员和安全监控人员；其他需审查、强调的事项。

② 施工预备会组织形式。

各类施工在施工前必须召开施工预备会，召开时间原则上在施工前一日进行。主要是对一些施工项目、施工地点、施工时间相近的施工以及维修作业施工项目可集中组织、逐项召开，但必须针对每一项施工落实情况逐项进行检查。各参加施工（维修）单位、部门必须按会议预备的内容抓好落实工作。

③ 滚动施工项目施工预备会。

线路大中修、桥涵大修、大型机械化维修、小机群捣固、道岔捣固、钢轨打磨、成段更换轨枕、回收旧钢轨（轨枕）等施工项目，同一施工单位在同一区间、车站管内进行同一性质的施工，可于该项目开工前召开一次预备会，此后的预备会，在每天施工、维修结束时，结合施工总结会一并召开。如遇跨区间、车站、跨月施工维修时，施工前或次月应再次组织召开。

④ 对协调内容明确无疑义，作业单一的施工项目，协调会和预备会可一并召开。

（4）施工总结会

每次施工完毕必须召开施工总结会。在车站进行登销记的施工由车务站段施工现场负责人主持召开。在调度所进行登销记的高铁建设施工由建设项目管理机构分管负责人主持召开，当日参加施工的各单位、部门负责人参加。

主要内容：对照施工计划要求、施工例会明确的事项，从施工质量、施工安全、施工组织、施工期间的运输组织等方面，对本次施工进行点评，对发生的问题进行剖析并提出处理意见，需要上报路局（集团公司）解决的问题要指定信息上报与反馈人员、时间等，对次日或以后的施工安全、运输组织、施工进度和准备等工作提出具体要求。

① 施工总结会重点进行以下内容：

a. 施工单位及有关部门和单位进行施工写实情况汇报，总结成绩，分析存在的问题和不足，并制定有针对性的整改措施。

b. 对组织不力、存在严重失误或存在安全问题的单位进行责任追究。

c. 检查落实施工结束后值守把关等有关安全措施。

② 建立施工协调、预备、总结会记录簿。

参加施工协调会、预备会、总结会的各单位、部门均应建立会议记录簿，对参加会议的人员、施工项目、施工计划、施工时间节点安排、施工质量、需配合的事宜、相关安全注意事项等会议协调确定的内容和涉及自身的内容做好记录，并由组长就会议协调的事项逐项进行归纳、确认，车务部门应使用专门记录簿，负责签到、记录，对协调会、预备会、总结会内容作出详细记录。并保存备查。

在工程施工安全管理中，有的铁路局（集团公司）在既有施工方案审查会、施工协调会、施工作业预备会和施工总结会的基础上，要求每次封锁施工前由登记站车务站段负责组织相关单位人员召开施工点名会。施工点名会地点为施工登记要点的车站，参加单位为当日施工相关行车组织、设备管理、施工、监理等部门和单位人员，必要时建设、设计等单位参加。会议时间一般定在施工开始前 60 min 召开（或在施工方案审查会、协调会上明确召开日期及时间），施工点名会包含内容及重点事项主要有：

a. 内容：点名（与会各有关单位）检查施工协调会、预备会有关事项及安全卡控措施落实情况，检查落实施工现场准备情况，检查确认现场人力、机具、物质、材料准备情况，确认施工登记、明确并草拟销记内容，其他需强调的重点事项。

b. 其他重点事项：施工点名会发现有关措施、准备工作未落实到位危及行车安全时，经施工协调小组同意后上报路局（集团公司）调度所，由调度所发令取消该项施工，并由路局（集团公司）业务处室组织分析，必要时通报全局（集团公司）。

第六节 施工管理

120. 对施工和维修作业动态管理有何要求？

答：设备管理单位要实时掌握施工和维修作业动态。段调度（生产指挥中心）要对当天施工和维修作业计划、作业进度、安全防护措施、盯控干部到岗离岗情况实时掌握并记录。设备管理单位应建立健全铁路营业线施工（维修）作业管理制度，完善过程控制，其中对进度、防护、监控等要求不但现场人员清楚，而且站段管理层面也要做到实时掌控，确保安全。

121. 施工如何加强防护设施管理？

答：施工时，必须加强铁路线路防护设施管理，保护铁路设备、设施安全。新建、改建、拆除、恢复防护设施，施工单位必须与设备管理单位签订安全协议，按照铁路局（集团公司）铁路线路防护设施管理办法要求，办理相关手续，按规定设置临时防护设施，加强安全管理，防止铁路交通事故的发生。

栅栏门以关闭加锁为定位，高速铁路进出栅栏门必须严格执行登销记制度。栅栏门管理人员须对施工、维修作业负责人查验施工或维修计划后方可允许作业人员进入栅栏内，作业人员不得擅自翻越防护栅栏上道。进入高速铁路栅栏作业门（救援通道）前应由作业负责人在看守点登记上道人数和机具、材料数量，作业结束后，看守人员应同作业负责人核对确认人员、机具完全撤出栅栏并进行销记。

普速铁路和高速铁路并行时，必须与高速铁路做好物理隔离，进出栅栏门必须严格执行高速铁路登销记制度；新建普速铁路施工和既有线间应按要求做好物理隔离。

122. 对施工项目未经申报开工或擅自扩大施工内容和范围的情况应如何处理？

答：影响行车或影响行车设备稳定、使用的施工项目未经申报批准严禁施工。擅自施工或擅自扩大施工内容和范围的，一经发现应立即停工并追究施工单位责任。

123. 如何加强施工临时限速管理？

答：施工临时限速是施工安全管理的重要组成部分，施工单位应做好以下工作：

（1）施工单位根据施工计划、施工日计划、运行揭示调度命令按规定在车站进行登、销记作业。

（2）铁路局（集团公司）需完善施工限速计划的填写、变更、审核、把关制度，规范填写格式，确保施工限速计划提报、变更的完整性、准确性、规范性、时效性。

（3）各施工单位须建立限速台账，完善施工限速计划填写、变更、审核、把关制度，规范填写格式，确保施工限速计划提报、变更的完整性、准确性、规范性、时效性。

（4）规范《行车设备施工登记簿》登记格式、内容，登记必须完整、准确、及时。

（5）所有施工封锁、行车设备停用、线路限速等都必须发布调度命令，不得以施工计划代替。

（6）车站值班员与施工单位驻站联络员（施工负责人）必须核对收到的调度命令是否与登记申请内容一致；遇不一致时必须立即提出。经提出仍无法改变时，可申请再次登记并立即向本单位主管领导及上级专业管理部门汇报。

（7）对线路清筛、换轨、基床处理等滚动施工项目，相关限速内容必须完整地登记到下一次封锁施工前，因施工临时取消等原因引起限速值、行车注意事项等变化时，必须重新登记限速值、行车注意事项等内容。

124. 区间装卸材料时，装卸车负责人应做好哪些工作？

答：区间装卸材料时，装卸车负责人应做好下列工作：

（1）配备足够的装卸车人员、工具和信号用品。

（2）夜间作业时，配有足够的照明设备。

（3）预先与行车调度员、车站值班员、工务调度员进行联系，确认到达车数、车型及到开时刻。

（4）列车出发前，向装卸人员、司机讲清作业计划、卸车起讫里程、信号联络方法及安全注意事项。

（5）多个车辆卸车时，每辆车上指定专人负责指挥卸车、开关车门、组织检查限界、清道及做好未卸余料偏载时的整理工作。严禁在区间进行摘挂作业。

（6）卸车时，监督作业人员不得损坏线桥、信号及供电等行车设备。

（7）对笨重材料（如条石、片石、钢轨、混凝土枕等）严禁边走边卸（长轨车除外）。停车卸料时，车轮附近的材料应指定专人及时清理。每次卸车后开车前应认真检查，确认车门关好、材料堆放稳固、不侵入限界，方可通知司机开车。

125. 哪些地点严禁卸路料？

答：严禁在下列地点卸路料：

（1）道岔及道岔咽喉区。

（2）无砟桥上（不含卸长钢轨）。

（3）道口。

（4）无底砟的新线、有底砟但未经压道试验的线路。

（5）有可能损坏信号、超偏载检测装置、通信、客（货）车运行安全监测设备处所。

（6）站台处靠站台一侧。

（7）区间线路的道床有积雪覆盖超过轨面处所。

（8）线路两侧有大量堆积物地段。

（9）双线区间，两线不在同一平面时，向高处一线卸料有可能侵入低线限界的地段。

（10）邻线来车时，靠邻线的一侧。

特殊情况由施工单位制定有针对性的安全措施，报铁路局（集团公司）审批。

126. 使用风动车卸道砟时应遵守哪些规定？

答：使用风动车卸道砟时应遵守下列规定：

（1）应对风动卸砟车经常检查维修，使风动管路、杆件传动系统及塞门手柄等经常保持正确位置，性能良好。有较大故障时，应摘车交车辆段修理。

（2）除卸砟时间外，操作室内各进风塞门（包括储风箱的放风塞门）应处于关闭状态，操纵阀手柄应放在中立位。

（3）卸砟前，各车辆必须充足风。风压不足 0.4 MPa 时，应用手动装置配合操作。卸车顺序应由列车前部向尾部逐辆完成，卸车时不得推进运行，不得突然停车或后退。卸车人员应掌握好车门开度，严禁单侧卸砟，避免道砟成堆或车辆偏载。卸砟完工后，用料单位应及时组织清理。

（4）卸砟运行速度应控制在 8～15 km/h。

（5）下列情况严禁卸砟：

① 夜间或隧道内照明不足；

② 一人同时卸两节车。

127. 非风动卸砟车边走边卸时应如何管理？

答：非风动卸砟车边走边卸时，应先在卸砟地点停车，停车后发出卸车通知，各车组长打开车门后，确认溜下的道砟不妨碍行车，再以 5～10 km/h 速度边走边卸，并及时清理限界内的道砟。

128. 普速铁路靠近线路堆放材料、机具有哪些要求？

答：路肩堆放的砂石料，用料单位应经常检查、整理，严禁侵入限界。在河砂、道砟、炉渣等松散料堆上，严禁再卸片石等笨重材料。

靠近线路堆放材料、机具等，不得侵入建筑接近限界。道砟、片石、砂子等线桥用料可按下图堆放。每次卸车后，施工负责人应组织人员全面检查堆放情况，不符合规定或堆放不稳固的应立即清理。

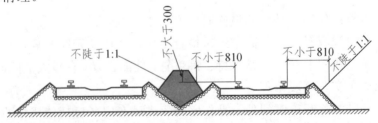

图 4.4　靠近线路堆放材料、机具图　（长度单位：mm）

129. 钢轨组在普速线路上放置时，应遵守哪些规定？

答：钢轨组在普速线路上放置时，应遵守以下规定：

（1）普通线路木枕地段。可放在道床肩部或木枕头上，直线地段可放在道心里（但必须执行《铁路工务安全规则》、《电气化铁路有关人员电气安全规则》的相关要求）。放在道床肩部时，道砟应预先整平。放在木枕头上时，两端至少各钉两个道钉，中间适当用道钉卡住。放在道心时，两端应弯向中心并用道钉固定，中间适当用道钉卡住。

（2）普通线路混凝土枕地段，可放在道床肩部，但不得侵入限界。直线地段也可放在道心，两端用卡子卡在轨枕上或穿入木枕钉固，如钢轨组较长，中间适当穿入木枕钉固。

（3）换出的钢轨应及时回收，长度超过 6 m 的钢轨可临时放在路肩，并堆码整齐。

（4）道口、人行过道及平过道的道路路面上，不得放置钢轨。

130. 普速铁路放置无缝线路长轨条有什么要求？

答：无缝线路成段更换钢轨时，准备换入的长轨应放在道床肩部（无砟桥桥枕上），在桥梁上、道口、人行过道、平过道及信号机附近应有保持稳定和防连电措施。

换出的长钢轨当日回收不完时，可放在道床肩部或道心。但道口处、信号机附近不宜存放。每根长钢轨的长度一般不得大于500 m。两根长钢轨的端部应互相错开，用固定卡卡在轨枕上或穿入木枕固定，中间亦应用固定卡卡在轨枕上或穿入木枕固定。对放在道床肩部或道心的长钢轨应派人巡检。

131. 有砟轨道怎样进行成段破底清筛施工？

答：有砟轨道成段破底清筛施工时应遵守下列规定：

（1）应采用大型养路机械施工，施工天窗不应少于 180 min（有条件时不应少于 210 min），并应连续安排施工天窗，慢行距离以日进度的 4 倍为宜。

（2）成段破底清筛前，应根据既有线路情况和清筛施工要求预卸足够的道砟。

（3）无缝线路地段，当预测施工轨温高于锁定轨温 10℃以上时，线路清筛前必须进行应力放散，放散轨温应满足施工期间作业安全要求。

（4）清筛后应根据具体情况安排无缝线路应力放散。

（5）道床一般清筛枕盒清筛深度为枕底向下 50～100 mm，并做好排水坡；边坡清筛为轨枕头外全部道砟，宜使用边坡清筛机施工。清筛后应及时夯实、捣固。

132. 怎样进行龙门架铺轨排施工作业？

答：龙门架铺排施工作业应按以下程序及要求进行：

（1）施工单位必须提前对龙门架铺轨排列车运行的线路限界进行全面检查，必要时采取临时措施。

（2）龙门架铺轨排列车应限速运行，并加强对轨排层数的控制和轨排的锁定，同时应由专人负责，切实做好龙门架铺轨排列车的运行监护和停车检查工作，确保运行安全。

（3）在 $R \leqslant 400$ m 的曲线上铺设轨排时，必须采取特殊安全措施，防止叠层轨排偏移倾倒。

（4）远离基地施工时，龙门架应在就近车站甩挂，以确保铺轨排列车安全。

（5）使用龙门架换铺轨排施工时，施工封锁前的准备工作必须充分到位。

（6）线路开通前，施工负责人应及时组织整修线路，经检查达到规定标准后方可开通线路。线路开通后逐步提高行车速度，保证行车安全。

133. 如何进行轨条装、运、卸作业？

答：进行轨条装、运、卸作业时，需遵守以下要求：

（1）轨条装、运、卸作业严禁摔、撞，防止扭曲、翻倒，以免造成硬弯。

（2）轨条装车时，应根据长轨列车运行途中线路的平面条件，严格控制轨条端头与长轨车承轨横梁间的距离，防止运行途中轨条端头顶、撞横梁，并安装好间隔铁和分层紧固约束装置，防止轨条前后窜动和左右摆动。

（3）长轨列车运行必须执行有关规定，防止紧急制动。并应由专人负责，做好运行监护、停车检查工作，确保运行安全。

（4）卸轨前应清理线路上的障碍，轨条应卸在轨枕端头外，并采取措施防止侵入限界。

134. 怎样进行轨条工地焊接？

答：轨条工地焊接时应遵守以下要求：

（1）气温在 0℃ 以下时，不应进行工地焊接作业。

（2）工地焊接应对焊缝进行焊后热处理，并进行探伤检查，不符合质量要求的焊头，必须锯切重焊。

（3）铝热焊缝距轨枕边缘不应小于 40 mm，线路允许速度大于 160 km/h 时不应小于 100 mm。

（4）轨条端头应方正，左右股轨端相错量不应大于 40 mm。

（5）钢轨焊接应严格执行《钢轨焊接技术条件》（TB/T1632.1—TB/T1632.4）的有关规定。

135. 铺长轨前应做好哪些准备工作？

答：铺长轨前应做好以下工作：

（1）撤除调高垫板，整修线路。

（2）铺设无缝线路前必须埋设位移观测桩，并使其牢固、可靠。

（3）施工前应拨顺并串动轨条，放散初始应力。

（4）散布并连接缓冲区钢轨（普通无缝线路），备齐换轨终端龙口轨和钢轨切割工具。

（5）提前准备合理散布扣件及橡胶垫板和橡胶垫片。

（6）合理适当做好封锁点前准备工作。

136. 如何进行轨条铺设？

答：进行轨条铺设时，应遵守以下事项：

（1）应使用换轨车铺设轨条，从轨条的一端向另一端依次拨入。

（2）必须准确确定无缝线路锁定轨温。

铺设锁定轨温取轨条始端入槽和终端入槽时轨温的平均值。如果铺设锁定轨温不在设计锁定轨温范围内（含轨条始端入槽或终端入槽时的轨温不在设计锁定轨温范围内），无缝线路铺设后必须进行应力放散或调整，并重新锁定。

（3）铺设无缝线路必须将轨条置于滚筒上，并配合撞轨确 保锁定轨温均匀，低温铺设时应用拉伸器张拉轨条。

（4）严禁采用氧炔焰切割钢轨进行合龙。

（5）左右两股轨条锁定轨温差不得超过5℃。

（6）无缝线路锁定后，应立即作好位移观测标记，并观测位移。同时在钢轨外侧腹部或观测桩上，用油漆注明锁定日期和锁定轨温，并做好记录。

（6）线路开通后，应及时全面复紧接头及扣件螺栓，接头螺栓扭矩达到 900～1 100 N·m，混凝土枕弹条的弹条中部前端下颚应靠贴轨距挡板（离缝不大于 1 mm）或扣件螺栓扭矩达到120～150 N·m，调整轨距；复紧轨距杆；加固防爬设备；特殊设计的桥上，应检查扣件螺栓扭矩是否符合设计要求。

137. 如何做好大型养路机械作业？

答：为做好大型养路机械作业，有关各方需认真落实以下工作：

（1）使用大型养路机械作业，有关部门应密切协作，确保施工安全，正点开通。

（2）使用大型养路机械进行线路维修作业时，应组织捣固车、动力稳定车、配砟整形车联合施工。

（3）使用大型养路机械在无缝线路地段作业，封锁线路应避开高温时段。

（4）捣固车一次起道量不宜超过 50 mm，起道量超过 50 mm 时应分两次起道捣固；一次拨道量不宜超过 80 mm，并提前通知接触网工区配合，曲线地段上挑、下压量应尽量接近。每次作业后应进行道床动力稳定。

（5）使用大型养路机械进行线路维修前，工务（桥工）段应向施工单位提供有关线路技术资料。大型养路机械在作业中应根据上述资料做好起道、拨道、捣固和夯拍工作。大型养路机械作业前，应做好补充道砟、更换伤损胶垫和撤除作业地段调高垫板、道口铺面、有砟桥上护轨等工作。

（6）为保证捣固作业质量，步进式捣固车捣固频率每分钟不得超过 18 次，连续式捣固车捣固频率每分钟不得超过 22 次。对桥头、道口、钢轨接头 4 根轨枕等薄弱处所，应按照工务（桥工）段标记增加捣固次数。

（7）大型养路机械在无缝线路地段作业时，作业轨温条件为：

① 一次起道量小于 30 mm，一次拨道量小于 10 mm 时，作业轨温不得超过实际锁定轨温±20℃；

② 一次起道量在 31～50 mm，一次拨道量在 11～20 mm 时，作业轨温不得超过实际锁定轨温-20℃～+15℃。

在高温季节作业时，作业中机组人员应监视线路状况，发现胀轨迹象应立即停止作业，并按照预案组织处理。

138. 普速铁路在桥梁人行道上堆放重物时有什么要求?

答：在桥梁人行道上堆放重物时，特别是在整孔换铺轨枕或换铺轨排等作业时，必须对桥梁状态进行全面调查，对桥梁结构、承载力和稳定性进行检算，当检算结果不满足有关规范要求时，应采取可靠的加固措施并确认满足要求后，方准作业。在任何情况下，人行道上的竖向静活载不得超过设计标准值（道砟桥面的人行道，距梁中心 2.45 m 以内为 10 kPa，距梁中心 2.45 m 以外为 4 kPa；明桥面为 4 kPa）。

近年来，普速铁路混凝土桥梁发生了多起因桥上施工作业导致的钢支架人行道垮塌事件，造成人员伤亡事故。原铁道部运输局以《关于加强铁路混凝土桥梁钢支架人行道堆载管理的通知》（运工桥隧函〔2012〕292 号）文件要求各铁路局（集团公司）充分认识桥梁钢支架人行道垮塌的严重危害，加强对混凝土桥梁钢支架人行道检查、评估、整治加固工作的组织领导，加大人力、物力的投入，确保人身安全，并对铁路混凝土桥梁钢支架人行道堆载管理提出具体要求。

（1）堆载限制

① 对钢支架人行道承载能力不足的，在加固整治前，禁止堆载。

② 对钢支架人行道未出现 U 型螺栓锚固强度不足、钢支架承载能力不足、钢支架与 U 型螺栓连接强度不足、步行板承载能力不足等情况的，钢支架人行道承受均布荷载不得大于 2.5 kN/m^2 或每块步行板承受的集中荷载不得大于 1.0 kN，并不得堆放轨枕和桥枕。

③ 对桥上维修作业或大修施工中，堆载可能超过 1.2 条规定的荷载，施工前应对整孔钢支架进行加固，更换承载能力不足的步行板。加固后的钢支架人行道承受均布荷载不得大于 4.0 kN/m^2，每块步行板承受的集中荷载不得大于 1.5 kN。

④ 经加固的钢支架人行道，在第③条最大承载条件下，允许按下列条件放置轨枕或桥枕：

a. 每 3 m 长钢支架人行道上放置混凝土枕或混凝土桥枕不得超过 1 根；

b. 每 3 m 长钢支架人行道上放置木枕或木桥枕不得超过 2 根；

c. 轨枕或桥枕必须紧靠挡砟墙顺桥向放置，且支承轨枕或桥枕的钢支架不少于 2 个。

⑤ 任何情况下都禁止在钢支架人行道上放置钢轨。

⑥ 对无横向连接的并置混凝土梁，在钢支架人行道堆载前，必须在梁体外侧采取牢固的支顶措施，并根据堆载情况进行稳定性检算，以确保梁体稳定；或在堆载前进行永久性的横向加固。

⑦ 桥上维修作业或大修施工时，必须由专人负责检查，确保有效控制钢支架人行道堆载重量。

⑧ 对 2005 年以后采用预埋 T 钢设计的铁路混凝土梁钢支架人行道，按第③条中加固后的钢支架人行道控制堆载。

（2）换枕施工

① 长大混凝土桥上的换枕施工，应优先采用大修列车作业的施工方法，取消人工预卸新枕和回收旧枕的工序。

② 对钢支架人行道未按标准加固或承载力不足时，应在桥头以外路肩预卸轨枕。有条件时可组成轨排后，在天窗点内推运至施工地点，采用替换法整排更换；小桥换枕或不具备组排施工条件时，可在天窗点内利用小车或人工倒运至施工地点进行更换。

139. 涉及高铁的施工有哪些特殊要求？

答：高速铁路施工应当执行以下规定：

（1）严格执行天窗修制度，天窗时间外不得进入高速铁路封闭栅栏、桥面和隧道范围内。

（2）施工后，施工单位必须安排专业人员添乘确认车。一旦发现问题，必须及时汇报处理。

（3）抢修必须执行"本线封锁、邻线限速不超过 160 km/h"之规定，并根据调度命令进入作业门或救援通道。

（4）必须设驻调度所联络员（有机车车辆、自轮运转设备进出时，车站、调度所均需设联络员）。

（5）严格执行高铁上道作业人员、机具、材料登记确认制度，防止人员走失，及机具、材料遗漏而危及行车安全。

140. 高速铁路靠近线路堆放材料、机具有哪些要求？

答：天窗点外，高速铁路行车防护栅栏（或桥面）以内、隧道综合洞室外不准放置任何机具（各种小车）、材料等物品。备用轨料应存放在指定地点，易搬动的零散材料、机具、轻型车辆应入库保管。因施工原因在线路边临时存（摆）放的轨料，要堆码整齐，按规定放置。

141. 速度 160 km/h 以上区段，线路、接触网封锁施工开通放行第一趟列车有什么要求？

答：速度 160 km/h 以上区段，线路、接触网封锁施工，开通后第一趟列车不准为载客动车组列车。

142. 扰动道床而不能预先轧道的线路、道岔施工怎样开通使用？

答：扰动道床不能预先轧道的线路、道岔施工，开通后第一趟列车不准为旅客列车，具备下列条件之一时可视为轧道：

（1）大型养路机械施工经过稳定车作业。

（2）开通后经过重型轨道车牵引的施工列车。

（3）开通后经过单机。

143. 营业线施工开通设备前后应做好哪些安全工作？

答：（1）施工期间，施工和设备管理、使用单位派足够的技术人员进行现场监控，发现问题及时处理。对不能预先轧道的线路、道岔，由建设单位组织施工、设备管理和使用单位联合检查并确认达到《施工质量验收标准》要求，联锁关系正确后方可开通。

（2）对只能在施工封锁结束后才能开通的设备，必须做到：

① 在封锁前，由建设单位组织设计、施工、监理、设备管理和使用单位成立验收小组，设备到位后，经验收小组检查并确认达到"安全使用"条件。

②施工期间，施工和设备管理、使用单位派足够的技术人员进行现场监督，发现问题及时处理。对不能预先轧道的线路、道岔，由建设单位组织施工、设备管理和使用单位联合检查并确认达到《施工质量验收标准》要求，联锁关系正确后方可开通。

③电气集中、计算机联锁设备及区间闭塞设备的施工必须由施工、设备管理和运输单位进行联锁试验，试验合格后方可开通使用。严禁利用列车间隔进行联锁试验。

④封锁开通后由施工、设备接管单位共同管理。共同管理期间，由设备接管单位负责设备控制，需要检修或作业时，由设备接管单位负责登记，未经设备接管单位同意并派人监护，禁止施工单位擅自动用设备。

⑤共同管理期间，施工单位要在设备接管单位监督下，负责巡查养护和设备的检查整修，保证行车安全；设备接管单位发现质量不合格及安全隐患要责令施工单位立即纠正，危及行车安全时有权责令其停工（停用），必要时参与整修（接管单位参与检查整修的费用由施工单位按规定支付），并使其尽快达到验收标准和规定的允许列车速度。

（3）开通前，由建设单位组织设计、施工、监理、设备管理和使用单位成立验收小组，经验收小组检查并确认达到"安全使用"条件。

144. 编制分步开通施工方案需要注意哪些问题？

答：施工需要分步开通时，施工单位在编制施工方案中需特别注意以下问题：

（1）明确目标，每一步要干什么，实现什么目标，完成什么样的工作量。

（2）每一步工作影响什么设备。

（3）需要设备管理和行车单位做哪些配合工作。

（4）每一步施工结束后设备发生什么变化，对列车运行有什么条件限制。有变化时，施工单位需要向车务部门提供保证运输组织、运行的限制条件，如列车（调车）条件（慢行、牵引重量）等。同时，施工单位负责编制分步开通后的设备草图、联锁关系图表、设备限界图表、线路（站场）平纵断面图，经签字（盖章）交设备管理单位和运输单位。

145. 工程施工开通后的安全控制有哪些要求？

答：（1）施工完毕，设备达到设计标准，施工单位向设备管理单位和车站提供技术资料和技术设备使用说明书后，方准向建设和设备管理单位提出验收交接申请。

（2）对分段竣工、分段开通的项目，可采取单项工程验交、部分验交的办法及时组织工程验收交接，但必须按批准的设计文件，做到验交部分的竣工资料齐全。施工单位需按所在铁路局（集团公司）《行车组织管理规则》要求，向设备管理和运输单位提供技术资料和技术设备使用说明书后，方准向建设或设备管理单位提出验收交接申请。

（3）未办理验收交手续或验收不合格的工程一律不得交付使用。

（4）在未办理正式验收交接前，施工单位必须进行工程自验，并在自验的基础上，邀请设备管理、设备使用单位共同对施工质量进行检查。设备管理、设备使用单位，应按照验收标准进行检查。对检查发现的问题，应填写检查整改意见，分别交建设、施工单位组织整改，并作为验交时必查项目。

（5）设备管理和使用单位应积极配合做好竣工验收工作，对验收不合格的工程一律不得交接开通；对验收合格的工程必须按期接管，并使其尽快满足规定的允许运行速度条件。建设单位和各专业管理部门要做好协调、督导工作。

（6）施工项目必须达到验收标准后方准验收，禁止施工单位向设备接受单位支付检查整修费的方法通过验收，取代设备的检查整修。

（7）设备管理和设备使用部门要提前做好各项接管准备工作，对新增人员提前进行培训，提前调配到位。

（8）凡正式办理验交手续的线路等设备，应由设备管理单位负责维修养护。

（9）在施工期间发现安全隐患和质量问题，但不影响开通使用时，设备管理和使用单位应及时与设计、监理、施工单位交换意见并记录在案，跟踪被查单位的整改情况。对重大安全隐患和质量问题，必须在采取切实可行措施并整改后，方可开通使用，必要时立即责令施工单位停工整改，并恢复设备原来状况。

146. 铁路大中型建设项目竣工验收交接程序是什么？

答：铁路大中型建设项目竣工验收交接程序主要包括初验、正式验收、组成固定资产。

初验是指由初验委员会组织参建各方与接管使用单位共同对建设项目检查，确认建设项目具备投产使用的条件。

正式验收是指验收委员会组织建设项目有关各方对建设项目进行综合评价，确认符合验收条件的由接管单位正式运营或投产。

（1）初验工作程序

施工单位自检合格后，向建设单位提交竣工申请表，建设单位组织设计、施工、监理、接管单位检查，具备初验条件后，提请质量监督机构准备工程质量监督报告，同时向初验负责单位提交初验申请表，初验负责单位确认符合初验条件，组建初验委员会及专业检查小组，90 个工作日内组织完成初验。初验合格建设项目和竣工文件移交接管使用单位，进入临管运营，同时初验委员会出具初验报告，建设单位自初验移交之日起 6 个月内完成竣工决算并经过审计，正式向建设项目主管部门报送正式验收申请表。

（2）正式验收工作程序

正式验收原则上在初验一年后进行。对初验后经批准实行临管运输或试生产的建设项目，在临管或试生产期满后，应及时组织正式验收。

负责正式验收单位接到正式验收申请表确认符合正式验收条件后，组建正式验收委员会，根据初验报告，对竣工验收工程或初验检查遗留问题进行复验或抽查；查看竣工决算和建设工程质量监督报告；研究解决验收中出现的问题；对建设项目作出全面评价。对达到正式验收交接条件的建设项目，应在办理正式验收手续后 10 日内交付正式运营或投产，6 个月内办理固定资产移交手续，填写《竣工验收证书》并签字，10 日内交付正式运营生产，6 个月内办理固定资产移交手续。

建设单位应自建设项目竣工验收合格之日起 15 日内将建设工程竣工验收报告和经公安、消防、环保、土地、档案等部门出具的认可文件报建设行政主管部门备案。

（3）组成固定资产

接管单位应在正式验收后 6 个月内根据竣工决算完成固定资产的组成工作；对原为估价入账的固定资产，应按竣工决算调整原估价和已计提折旧。

铁路大中型建设项目竣工验收流程见附件 14。

147. 怎样提报与平衡施工、维修作业计划？

答：（1）未纳入月度施工计划的施工项目原则上不准进行施工。特殊情况必须施工时，由施工单位提出施工申请，并签订安全协议，制订安全措施，通过铁路局（集团公司）主管业务处室审查（建设项目施工计划应先报项目管理机构预审），经分管运输副局长（副总或总调度长）批准，由运输处安排施工。需增加铁总管施工项目时，铁路局（集团公司）提前 10 天向铁路总公司运输局提出申请电报（涉及修改 LKJ 基础数据、旅客列车提前开车和停站变化、快运货物班列提前开车和装卸车组织站变化的须提前 15 天），经铁路总公司运输局批准后方可安排施工。

（2）月度施工计划原则上不准变更。特殊情况必须进行调整时，由施工单位提前 5 天向铁路局（集团公司）主管业务处室和运输处提出书面申请，由运输处调整施工计划。涉及 LKJ 基础数据变化的施工日期不得提前。

纳入月度施工计划的施工项目原则上不准停止施工，因专特运及调整车流等原因需停止施工时，须经分管运输副局长（副总或总调度长）批准并于前日 14：00 前以调度命令通知有关单位。

已批准的铁总管施工项目需停止施工时，须经铁路总公司运输局调度处主任（副主任）批准。

对于停止的施工，铁路总公司运输局调度处和铁路局（集团公司）调度所应尽快重新安排，因停止施工引起的本月未按月计划完成的连续性施工，可顺延至下月。

（3）维修计划下达后，因特殊原因需临时增加维修作业时，在不与其他施工及维修作业产生冲突的前提下，高速铁路由设备管理单位报主管业务处室、普速铁路由设备管理单位报车务段（直属站）审核同意后，报铁路局（集团公司）调度所实施。铁路局（集团公司）所管设备越过局（集团公司）间分界站延伸至相邻铁路局（集团公司）调度指挥区段时，高速铁路由调度管辖铁路局（集团公司）业务处室、普速铁路由调度管辖铁路局（集团公司）车务段（直属站）审核同意后，报铁路局（集团公司）调度所实施。

（4）综合检测列车及设备管理单位发现 160 km/h 以上区段行车设备需要临时维修时，由设备管理单位向铁路局（集团公司）主管业务处室提出申请，经主管业务处室审核后会同调度所向分管运输副局长（副总或总调度长）汇报并同意后，由调度所及时安排。

（5）对突发性设备故障和灾害的紧急抢修及轨道状态超过临时补修标准和重伤设备处理等需临时封锁要点的施工，按下列程序办理：

① 需临时封锁要点时，由设备管理单位向铁路局（集团公司）

主管业务处室提出申请，主管业务处室审查，经分管运输副局长（副总或总调度长）批准后，由调度所安排施工。

②危及行车安全需立即抢修时，设备管理单位按规定采取措施，在《行车设备检查登记簿》内登记，高速铁路经调度所值班主任（副主任）批准，普速铁路通过车站值班员报告铁路局（集团公司）列车调度员经调度所值班主任批准，发布调度命令进行抢修，设备管理单位同时通知配合单位和铁路局（集团公司）主管业务处室。

148. 怎样做好施工过程重点内容写实？

答：各施工作业单位应对各自施工重点进行写实，车站负责对施工、维修全过程及列车运行秩序进行写实，各单位及车站把关人员应依据确定的施工、维修方案和安全措施实施安全控制，并根据列车运行秩序、计划进度和实际作业进度，及时做好施工、维修作业的督促、协调工作，确保按期保质保量地完成施工、维修任务。同时，设立施工、维修过程把关写实表，各单位应按规定进行写实填记。

第五章 邻近营业线施工

149. 什么是营业线设备安全限界?

答：电气化铁路接触网支柱外侧 2 m（接触网支柱外侧附加悬挂外 2 m，有下锚拉线地段时在下锚拉线外 2 m）、非电气化铁路信号机立柱外侧 1 m 范围称为营业线设备安全限界。

150. 什么是邻近营业线施工?

答：邻近营业线施工是指在营业线两侧一定范围内，新建铁路工程、既有线改造工程及地方工程等影响或可能影响铁路营业线设备稳定、使用和行车安全的施工作业。

对于"邻近营业线施工的营业线两侧一定范围内"的界定，不少铁路局（集团公司）根据自身设备实际及管理要求，进行了明确和细化。

郑州铁路局规定：邻近营业线施工是指在营业线两侧新建铁路工程、既有线改造工程及地方工程等，自铁路路堤（非堤非堑地段自距最外线路中心线 4.50 m 处）坡脚、路堑坡顶、设备或设施外缘，向外延伸 20 m 范围（特殊地形、地貌段外延范围由属地设备管理单位确定）内的非爆破施工、200 m 范围内的控制爆破；隧道顶上覆土范围内的各类施工作业等可能影响铁路营业线设备稳定、使用和行车安全的施工作业。

成都铁路局规定：邻近营业线施工是指在铁路线路安全保护区内进行新建铁路工程、既有线改造工程及地方工程等非爆破施工，以及距离铁路行车线中心 200 m 范围内的控制爆破等影响或可能影响铁路营业线设备稳定、使用和行车安全的施工作业。

151．邻近营业线施工分为几类？各有什么要求？

答：邻近营业线施工分为 A、B、C 三类，邻近营业线施工安全监督计划由路局（集团公司）主管业务处室负责审核，运输处汇总后作为施工计划附件公布。具体情况为：

（1）邻近营业线 A 类施工，指进行影响营业线设备稳定、使用和行车安全的工程施工，必须纳入铁路局（集团公司）月度施工计划。

（2）邻近营业线 B 类施工，指进行可能因翻塌、坠落等意外而危及营业线行车安全的工程施工。B 类施工应设置防护设施并经铁路局（集团公司）有关部门审批，确不能设置防护设施时纳入铁路局（集团公司）月度施工计划。影响营业线设备稳定、使用和行车安全的防护设施设置必须纳入铁路局（集团公司）月度施工计划。

（3）邻近营业线 C 类施工，指进行可能影响铁路路基稳定、行车设备使用安全的施工。

（4）其他影响或可能影响营业线设备稳定、使用和行车安全的邻近营业线施工，由铁路局（集团公司）按上述原则界定类别。

152．邻近营业线 A 类施工项目有哪些？

答：邻近营业线 A 类施工项目主要有：

（1）吊装作业时侵入营业线设备安全限界的施工。

（2）架设或拆除各类铁塔、支柱及接触网杆等在作业过程中侵入营业线设备安全限界的施工。

（3）开挖路基、路基注浆、基桩施工等影响路基稳定的施工。

（4）需要对邻近的营业线进行限速的施工。

153．邻近营业线 B 类施工项目有哪些？

答：邻近营业线 B 类施工项目主要有：

（1）使用高度或作业半径大于吊车至营业线设备安全限界之

间距离的吊车吊装作业。

（2）影响铁路通信杆塔、通信基站、信号中继站、箱式机房及供电铁塔、支柱等基础稳定的各类施工。

（3）邻近营业线进行现浇梁、钢板桩、钢管桩、搭设脚手架、膺架等施工的设备和材料翻落后侵入营业线设备安全限界的施工。

（4）营业线路堑地段有可能发生物体坠落，翻落侵入营业线设备安全限界的施工。

154. 邻近营业线 C 类施工项目有哪些？

答：邻近营业线 C 类施工项目主要有：

（1）铲车、挖掘机、推土机等施工机械作业。

（2）开挖基坑、降水和挖孔桩施工。

（3）邻近供电、通信、信号电（光）缆沟槽及供电支柱、通信信号杆塔（箱盒、通话柱）10 m 范围内的挖沟、取土、路基碾压等施工。

（4）绑扎钢筋、安装拆除模板等未侵入营业线设备安全限界的施工。

（5）路基填筑或弃土等施工。

155. 邻近营业线施工时，施工、监理单位各应履行哪些职责？

答：邻近营业线施工是施工安全管理的重要组成部分，施工单位是邻近营业线施工安全的责任主体，建设项目管理机构、相关设备管理单位、监理单位对施工安全负主体管理责任。因此，施工、监理单位必须履行以下职责：

（1）按规定进行安全教育和培训，组织学习铁路总公司、铁路局（集团公司）关于营业线及邻近营业线施工安全管理的有关规定，特别是关于邻近营业线施工的"禁止性"规定。

（2）根据邻近营业线的施工项目、内容，主动与设备管理单位联系，认真进行现场调查，特别是对与之相对应的既有行车设备的对应里程、位置关系、运输生产情况及地质、水文、隐蔽设施等情况进行详细的调查（平、纵面关系图），正确掌握第一手资料。

（3）按规定编制邻近营业线施工方案。施工方案必须由施工单位、监理单位组织内审，由技术主管负责人签认，并需对施工类别进行初步划分。

（4）按建设项目管理机构的要求，有针对性地制定邻近营业线施工安全管理规定，并认真组织执行。

（5）施工单位必须及时与设备管理等相关单位签订施工安全协议并严格履行。

（6）施工单位必须严格按施工方案组织施工，认真落实现场安全措施和路局（集团公司）施工管理的强制性规定。

（7）监理单位必须安排胜任人员实施邻近营业线施工的现场监理，并认真履行职责，对施工单位进行严格的监控，杜绝擅自施工和擅自改变施工方案。

（8）监理单位要认真履行监理合同，按旁站监理的原则监督施工单位按设计标准和有关规范、规定施工，及时防范施工中的安全隐患，彻底消除因施工质量不良给行车安全留下的隐患。

施工、监理单位必须对施工方案中的数据、资料的准确性负责，经路局（集团公司）审查通过的施工方案在实际施工过程中因数据错误发生安全、质量等问题时，由施工、监理单位负全部责任。

156. 铁路局（集团公司）的邻近营业线施工管理职责是什么？

答：（1）负责审批施工单位上报的邻近营业线施工方案、安全措施、影响范围、施工组织，并制定安全监督计划进行监督检查。

（2）按监督计划定期检查邻近营业线的施工，检查各种安全措施的落实情况，对安全措施落实不到位的单位进行处理。

（3）按监督计划定期检查邻近营业线的施工，检查站段邻近营业线施工安全检查记录，对检查记录不全的单位进行通报，对责任人给予处罚。

157. 站段及项目管理机构的邻近营业线施工管理职责是什么？

答：（1）负责审查施工单位上报的邻近营业线安全监督计划，未签订邻近营业线施工安全协议一律不得上报，在未得到铁路局（集团公司）的正式批复前不准进场施工。

（2）负责按铁路局（集团公司）的批复上报邻近营业线施工安全监督计划和制定本单位的监督计划，明确专人对施工安全措施的落实情况进行检查，对安全措施落实不到位的单位下发停工（或整改）通知，并报铁路局（集团公司）相关业务处室。

（3）按监督计划定期检查邻近营业线的施工，检查邻近营业线施工安全检查记录，对检查记录不全的进行通报，对责任人给予处罚。

158. 邻近营业线施工怎样实行各负其责、归类管理？

答：邻近营业线施工按照"谁的设备谁负责"的原则实行归类管理，即：在安全保护区内影响路基稳定和工务设备安全的施工由工务部门为主体进行安全监督；影响接触网、电力设备安全的，由供电部门进行安全监督；影响信号、通信安全的由电务、通信部门负责安全监督。

不在铁路安全保护区内但构成邻近营业线施工的，按施工项目划分进行监督，属电力设施的由供电段进行安全监督，属通信设施的由通信段进行安全监督；影响铁路信号电缆安全的施工由电务部门为主体进行安全监督；其他影响设备、设施安全的施工分别由相应设备单位进行安全监督。与国铁接轨且国铁机车、车辆进出的专用线、专用铁道按上述要求由各站段负责落实检查监督。

各单位对检查发现的各类施工均应进行登记，督促施工单位办理邻近营业线施工相关手续，并按照归类管理加强安全监督检查，确保安全。

159. 如何加强邻近营业线施工监督管理？

答：（1）邻近营业线 A 类及 B 类纳入铁路局（集团公司）月度施工计划的施工按营业线施工有关规定执行。

（2）邻近营业线 B 类不纳入铁路局（集团公司）月度施工计划的施工以及 C 类施工由铁路局（集团公司）负责编制邻近营业线施工安全监督计划，编制程序如下：

施工单位（或建设项目管理机构）于每月 15 日前将经相关站段会签的次月邻近营业线施工安全监督计划申请上报铁路局（集团公司）主管业务处室，铁路局（集团公司）主管业务处室审核后，于每月 20 日前将本专业邻近营业线施工安全监督计划报铁路局（集团公司）运输处，由铁路局（集团公司）运输处汇总后作为铁路局（集团公司）月度施工计划附件下发。

（3）邻近营业线施工的现场检查和监督工作由铁路局（集团公司）施工安全监督队伍负责。铁路局（集团公司）需建立施工安全监督队伍工作制度，明确检查范围、职责和权限，制定管理考核办法，加强工作绩效考核。

（4）主体监督单位负责邻近营业线施工的配合及定期组织相关单位召开施工安全预想会，掌握施工进度，协调解决施工过程中各结合部间的问题，并做好相关会议记录。

（5）设备管理单位需加强对邻近营业线施工的监督检查。设备管理单位车间主任（工区工长）或本单位指定人员负责邻近营业线施工的安全巡视和检查，并按《邻近营业线施工现场安全重点监控表》中规定的内容做好每日检查的记录，尤其对使用机械等可能侵入铁路安全限界及影响营业线行车安全的处所，必须确保时时、处处可控，并负责将每日检查的安全信息和存在的问题上报站段调度（值班室）。站段调度（值班室）将相关问题及时通知相关人员。

160. 如何加强与营业线相关的外委工程管理？

答：凡涉及跨越铁路线路、站场或者在铁路线路安全保护区内的施工工程项目，非铁路局（集团公司）建设项目管理单位应根据《铁路安全管理条例》规定，向路局（集团公司）提出申请，并做到5个明确：明确施工范围；明确施工种类（主要是指跨越、穿越铁路线路、站场，架设、铺设桥梁、人行过道、管道、渡槽和电力、通信线路、油气管线等设施或者在安全保护区内架设、铺设桥梁、人行过道、管道、渡槽和电力、通信线路、油气管线等设施的施工，包括铁路工程和铁路配套工程）；明确施工技术条件，明确须遵守的规范、规定；明确施工的要求。

铁路局（集团公司）业务处室批准申请后，应将有关施工项目、内容向铁路局（集团公司）安监室、工务、机务、电务、供电、运输处、调度所等相关业务处室和站段通报。

161. 紧邻营业线的新线建设施工需要注意哪些问题？

答：紧邻营业线的新线建设施工中，应重点关注路基、隧道、桥涵及其他工程，注意以下问题。

（1）路基工程：

① 桩机（含锤击桩机、插塑板机、CFG桩机）施工过程中，重点注意钢丝绳的检查、管桩吊装时的安全、桩机走行过程中的稳定性、上料时的安全隐患。

② 路基土石方施工过程中的安全隐患，如运输车辆的安全、施工机械（推土机、压路机、挖掘机）的安全。

③ 路堑地段施工安全隐患，如火工品的管理、使用，爆破时

的周边维护。

④ 改沟施工中，开挖后未能及时进行圬工工程的施工，造成土体坍塌等安全隐患。

⑤ 软土路基稳定性安全。

（2）隧道工程：

① 开挖安全。

② 初期支护距掌子面安全距离、二衬滞后初期支护距离。

③ 爆破及其他火工用品安全管理。

④ 不良地质和特殊岩土地段隧道施工安全。

⑤ 超大断面隧道施工安全。

（3）桥涵工程：

① 水中桥涵施工前的围堰安全。

② 基坑开挖过程中的围护安全和及时性。

③ 框架结构脚手架的搭设安全。

④ 框架结构施工完以后的四周围护安全。

⑤ 移动模架施工及过孔安全。

⑥ 连续梁跨高速公路和国道施工安全。

（4）其他：

① 进入施工场地必须按规定戴安全帽，严禁酒后上岗，特殊工种持证上岗等。

② 施工便桥的安全隐患，如便桥的栏杆、桥面系、警示牌等。

③ 施工临时用电确保"一箱、一闸、一漏"。配电箱上锁，采取三相五线制，所有电气设备全部接地保护等。

④ 施工车辆经过主要干道或村道时的安全。

⑤ 防洪、防台（风）措施到位，物资准备及防洪控制点的监控等。

第六章　普速铁路维修

162. 普速铁路维修天窗管理有什么要求？

答：普速铁路维修天窗作业按专业分为工务、电务、供电、房建、车辆、货运六大项，将信息系统施工和车辆、货运部门设置在线路上的检测、监控设备施工纳入营业线施工管理。其中电务分为信号和通信两部分，每项分别分Ⅰ级维修项目和Ⅱ级维修项目。具体要求为：

（1）普速铁路维修计划由运输处负责公布维修日期、天窗时间，车务站段负责协调、编制具体作业计划，并报铁路局（集团公司）调度所实施。

（2）明确调度区段和设备管理区段不一致的延伸段的施工计划和维修计划编制、变更和登销记的地点。

（3）明确施工负责人按施工级别由相应级别人员担当，以及施工负责人的主要职责。

（4）维修项目分为Ⅰ级维修项目和Ⅱ级维修项目两级，不同级别的维修项目由相应级别人员担当负责人：Ⅰ级维修负责人由车间主任（副）担当（Ⅰ级维修较多时，车间主任可委托车间胜任人员担当），Ⅱ级维修负责人由工（班）长担当。

（5）维修进行等级管理，细化作业项目的盯控，强化维修作业业务技术管理，确保作业标准与作业安全。

163. 普速铁路工务维修天窗作业项目有哪些？

答：普速铁路工务维修天窗作业项目分为Ⅰ级维修项目和Ⅱ级维修项目，具体内容为：

（1）Ⅰ级维修项目：

① 更换道岔尖轨、辙叉、基本轨；更换道岔扳道器下长岔枕、可动心轨道岔钢枕及两侧相邻岔枕或辙叉短心轨转向轴处轨枕。

② 开行路用列车运送作业人员、装卸机具、材料。

③ 利用小型爆破开挖侧沟或基坑（限于不影响路基稳定的范围）。

（2）Ⅱ级维修项目：

① 利用小型养路机械整治线路病害，对轨道（道岔）伤损零部件进行更换或修理。

② 胶结、焊接钢轨。

③ 一次起道量、拨道量不超过 40 mm 的起道、拨道作业。

④ 螺栓扣件涂油。

⑤ 桥梁施工进行试顶需要起动梁身并回落原位，拨正支座，支座垫砂浆厚度在 50 mm 及以下时。

⑥ 移动桥枕进行钢梁上盖板涂装。

⑦ 隧道拱顶漏水整治、衬砌裂损加固。

⑧ 防灾安全监控系统的维修与更换。

⑨ 整修道口铺面。

⑩ 不破底处理道床翻浆冒泥，清筛道床。

⑪ 可能影响行车安全的清理危石、砍伐危树及隧道内刨冰作业。

⑫ 在天窗内可以完成的其他作业项目。

164. 普速铁路信号维修天窗作业项目有哪些?

答：普速铁路信号维修天窗作业项目分为Ⅰ级维修项目和Ⅱ级维修项目。

（1）信号Ⅰ级维修项目：

① 年度信号联锁关系检查试验。包括修改（含远动）设备软件。

② 室内、外单套设备更换。

（2）信号Ⅱ级维修项目：

① 道岔转辙设备、轨道电路、信号机、光电缆、贯通地线、各种箱盒等室外信号设备检修。

② 信号机械室、箱式机房内设备检修。

③ 影响道口及车站设备正常运用的设备检修。

④ 影响驼峰信号设备使用的检修作业。

⑤ 室内、外设备整治及零小器材更换。

⑥ CTC/TDCS 设备、CTCS-2 级列控地面设备检修。

⑦ 在天窗内可以完成的其他作业项目。

165. 普速铁路通信维修天窗作业项目有哪些？

答：普速铁路通信维修天窗作业项目分为Ⅰ级维修项目和Ⅱ级维修项目。

（1）通信Ⅰ级维修项目：

① 影响行车通信业务的光电缆整治、网络结构调整。

② 影响两个车站以上行车通信业务的通信网络设备整治。

③ 影响行车通信业务的通信电源设备检修、整治。

（2）通信Ⅱ级维修项目：

① 影响行车通信业务的设备、光电缆、电路测试及主备用倒换、试验。

② 影响行车通信业务的传输、接入设备检修、整治。

③ 影响行车通信业务的数据通信网设备检修、整治。

④ 影响行车通信业务的调度通信设备检修、整治。

⑤ 影响行车通信业务的 GSM-R 基站、无线列调车站设备、区间无线中继设备及天馈线、漏缆等设施的检修、整治。

⑥ 涉及行车通信业务停用、调整的 GSM-R、调度通信网络数据制作。

⑦ 在天窗内可以完成的其他作业项目。

166. 普速铁路供电维修天窗作业项目有哪些？

答：普速铁路供电维修天窗作业项目分为Ⅰ级维修项目和Ⅱ级维修项目。

（1）Ⅰ级维修项目：

① 更换或拆除支柱、软横跨、硬横梁及隧道吊柱。

② 更换两跨以上接触线、承力索及附加导线。

③ 两辆以上接触网作业车进行的接触网维修作业。

④ 两个以上接触网工区进行的联合作业。

（2）Ⅱ级维修项目：

① 更换接触网零部件。

② 接触网设备全面检查监测作业。

③ 更换接触网腕臂支撑、补偿装置、器件式分相绝缘器、分段绝缘器、线岔、隔离开关等。

④ 接触网悬挂、分相、分段、线岔等检查调整。

⑤ 接触网吸上、回流线，上部地线、附加悬挂检查维护。

⑥ 接触网绝缘部件清扫维护。

⑦ 在天窗内可以完成的其他作业项目。

167. 普速铁路房建维修天窗作业项目有哪些？

答：普速铁路房建维修天窗作业项目分为Ⅰ级维修项目和Ⅱ级维修项目。

（1）Ⅰ级维修项目：

① 雨棚及跨越线路站房的屋面、檐口板维修。

② 雨棚吊顶板维修。

③ 线路上方的玻璃设施、幕墙维修。

④ 线路上方的装饰板维修。

（2）Ⅱ级维修项目：

① 站台、雨棚限界测量。

② 雨棚落水管路疏通、维修。

③ 雨棚天沟杂物清理、维修。

④ 站台墙吸音板检查维修。

⑤ 雨棚照明线路维修、灯具更换。

⑥ 站台帽石维修。

⑦ 在天窗内可以完成的其他作业项目。

168. 普速铁路车辆维修天窗作业项目有哪些？

答：普速铁路车辆维修天窗作业项目分为Ⅰ级维修项目和Ⅱ级维修项目。

（1）Ⅰ级维修项目：

① 更换 TPDS 压力、剪力传感器。

② 更换 TFDS、TVDS、TEDS 沉箱、侧箱。

③ 更换 TADS 麦克风阵列箱。

④ 固定脱轨器、列车车辆制动试验装置、踏面诊断及受电弓检测装置、动车组外皮清洗机等设备的安装、拆除、更换大型部件。

（2）Ⅱ级维修项目：

① 5T、AEI 设备的半月检、月检、春秋季整修。

② 更换 THDS 探头箱、大门电机、轴温探测器。

③ 调整或更换 TFDS、TVDS 和 TEDS 轨边设备大门电机。

④ 更换 TADS 麦克风。

⑤ TPDS、TADS 静态标定。

⑥ 调整、紧固卡轨器，更换磁钢、车号天线及卡具。

⑦ 更换、校对或焊接轨边电缆。

⑧ 固定脱轨器、列车车辆制动试验装置、踏面诊断及受电弓检测装置、动车组外皮清洗机等设备的定期校验、标定等。

⑨ 在天窗内可以完成的其他作业项目。

169. 普速铁路货运Ⅰ级维修天窗作业项目有哪些？

答：普速铁路货运维修天窗作业项目仅Ⅰ级维修项目，主要有：

（1）超偏载检测装置、动态轨道衡更换压力、剪力传感器。

（2）超偏载检测装置、动态轨道衡更换配套车号识别设备的天线、磁钢及磁钢卡具等。

（3）超偏载检测装置、动态轨道衡小修和月检。

（4）在天窗内可以完成的其他作业项目。

170. 普速铁路维修计划是如何实施的？

答：普速铁路维修计划实行周计划，维修日期、天窗时间由铁路局（集团公司）运输处在月度施工计划文件中公布，具体维修作业计划由设备管理单位向有关车务段（直属站）提报，由车务段（直属站）负责审核、编制后，报铁路局（集团公司）调度所安排实施。各设备管理单位提报维修天窗计划时，要注明作业项目、地点、作业负责人、配合单位、影响范围等。普速铁路维修计划编制程序由铁路局（集团公司）制定。

171. 普速铁路因特殊原因需临时增加维修作业时应如何办理？

答：维修计划下达后，普速铁路因特殊原因需临时增加维修作业时，在不与其他施工及维修作业产生冲突的前提下，由设备管理单位报车务段（直属站）审核同意后，报铁路局（集团公司）调度所实施。铁路局（集团公司）所管设备越过局（集团公司）间分界站延伸至相邻铁路局（集团公司）调度指挥区段时，由调度管辖铁路局（集团公司）车务段（直属站）审核同意后，报铁路局（集团公司）调度所实施。

172. 普速铁路维修作业是如何组织实施的？

答：（1）普速铁路维修作业，双线 V 型天窗区段一线作业时不得影响另一线行车设备的正常使用，涉及上下行渡线时由铁路局（集团公司）安排。同一区间当日安排有施工天窗时，维修作业应在施工天窗内等时长套用，不再单独安排维修天窗。

（2）车站不办理接发列车（含到达场、出发场不办理接发列车一端）的行车设备，在确保安全的前提下，维修作业由车站负责安排。车站驼峰设备检修实行"停轮修"，应利用交接班、调车作业间休等时间进行，原则上每次不少于 40 min。

（3）机务、车辆、动车（所）段内有关行车设备的维修作业，在确保安全和不影响机车（动车组）出入、车辆取送的前提下，由机务、车辆、动车（所）段负责安排。

173. 如何加强普速铁路天窗点外作业管理？

答：铁路局（集团公司）、设备管理及运输站段应深入研究"天窗"修作业规律，建立并完善普速铁路"天窗"修点外作业管理办法和考核制度，优化生产组织形式，充分利用"天窗"资源。

普速铁路"天窗点"外维修作业计划由车间或段一级审批，上线作业时必须在车站《行车设备检查登记簿》内登记，车站值班员签认，按规定设置驻站联络员、现场防护员，联系中断时必须停止作业，及时下道，确保安全。

174. 普速铁路工务部门哪些作业可在天窗点外进行？

答：普速铁路下列维修作业可在天窗点外进行，但严禁利用速度 160 km/h 及以上的列车与前一趟列车之间，及后行列车为 D、Z、T 车次打头的间隔时间作业。其他维修项目必须纳入天窗，严禁利用列车间隔时间作业。

（1）使用探伤小车、轨检小车等随时能撤出线路的便携设备进行上线检查、检测作业；预卸路料的加固；线路标志涂刷；整理道床；清理垃圾或弃物。其他在道床坡脚以外栅栏以内不影响线桥设备正常使用的作业；

（2）线路限速或允许速度小于等于 60 km/h 的区段，允许使用撬棍、洋镐、小型液压起拨道器、螺栓扳手等小型工具进行螺栓涂油、捣固、改道、补充或紧固轨道联结零件、撤垫板作业，但严禁利用旅客列车与前一趟列车之间的间隔时间作业。

175. 普速铁路信号部门哪些作业可在天窗点外进行？

答：普速铁路信号部门进行光电缆径路检查、室内外设备巡视检查及道岔转换试验等不影响电务设备机械强度、电气特性的作业，可在天窗点外进行，但严禁利用速度 160 km/h 及以上的列车与前一趟列车之间，及后行列车为 D、Z、T 车次打头的间隔时间作业。其他维修项目必须纳入天窗，严禁利用列车间隔时间作业。

176. 普速铁路通信部门哪些作业可在天窗点外进行？

答：普速铁路通信部门在道床坡脚以外进行不影响行车通信业务正常使用的通信设备、线路及附属设施的日常维修、业务办理和保护试验等作业，可在天窗点外进行，但严禁利用速度 160 km/h 及以上的列车与前一趟列车之间，及后行列车为 D、Z、T 车次打头的间隔时间作业。其他维修项目必须纳入天窗，严禁利用列车间隔时间作业。

177. 普速铁路供电部门哪些作业可在天窗点外进行？

答：下列维修作业可在天窗点外进行，但严禁利用速度 160 km/h 及以上的列车与前一趟列车之间，及后行列车为 D、Z、T 车次打头的间隔时间作业：接触网步行巡视、静态测量、测温等设备检查作业；接触网打冰，处理鸟窝、异物；在道床坡脚以外栅栏以内的标志安装及整修、基础整修、接地装置整修、支柱基坑开挖等不影响设备正常运行的作业。其他维修项目必须纳入天窗，严禁利用列车间隔时间作业：

178. 普速铁路车辆部门哪些作业可在天窗点外进行？

答：普速铁路车辆部门进行设备巡视、检查、油润、紧固和清除异物的作业可在天窗点外进行，但严禁利用速度 160 km/h 及以上的列车与前一趟列车之间，及后行列车为 D、Z、T 车次打头的间隔时间作业。其他维修项目必须纳入天窗，严禁利用列车间隔时间作业。

179. 普速铁路货运部门哪些作业可在天窗点外进行？

答：普速铁路货运部门进行货运计量安全检测设备巡视、检查和外部清扫、油润，清除影响正常工作的异物作业可在天窗点外进行，但严禁利用速度 160 km/h 及以上的列车与前一趟列车之间的间隔时间作，及后行列车为 D、Z、T 车次打头的间隔业。其他 I 级维修项目必须纳入天窗，严禁利用列车间隔时间作业。

180. 普速铁路房建部门哪些作业可在天窗点外进行？

答：普速铁路房建部门在站台安全线以内进行日常设备巡视，可在天窗点外进行，但严禁利用速度 160 km/h 及以上的列车与前一趟列车之间，及后行列车为 D、Z、T 车次打头的间隔时间作业。其他维修项目必须纳入天窗，严禁利用列车间隔时间作业。

181. 运输调度处门如何确保维修作业的实施？

答：运输部门需加强运输组织和调度指挥工作，确保天窗次数及时间兑现。因旅客列车晚点等原因，准许变更天窗起止时间，列车调度员应提前通知有关车站值班员，由车站值班员通知施工负责人。

第七章　高速铁路维修

182. 高速铁路维修作业项目怎样管理？

答：高速铁路维修天窗作业按专业分为工务、电务、供电、房建、车辆五大专业，其中电务专业分为信号专业和通信专业两部分；维修天窗作业项目分为Ⅰ级维修项目和Ⅱ级维修项目。高速铁路维修计划实行日计划，维修天窗综合利用，由主管业务处室相互协调后编制本专业计划，报铁路局（集团公司）调度所审核后实施。

183. 怎样编制高速铁路维修日计划？

答：高速铁路维修日计划的编制程序为：

（1）设备管理单位于维修作业前3日向铁路局（集团公司）主管业务处室提报计划申请，铁路局（集团公司）主管业务处室根据设备管理单位的提报，与其他主管业务处室沟通协调后编制本专业维修计划，于维修作业前2日9：00前报铁路局（集团公司）调度所施工调度室，施工调度室负责审核维修日计划；

（2）施工调度室于维修作业前1日12：00前将维修日计划传（交）有关调度台及主管业务处室、相关车务段（直属站）。主管业务处室负责通知作业单位、配合单位，车务段（直属站）负责通知相关车站；

（3）综合利用天窗时，由铁路局（集团公司）调度所指定维修主体单位，维修主体单位的确定方法由铁路局（集团公司）规定。

184. 对高速铁路维修作业的组织实施管理有何要求？

答：（1）高速铁路维修作业按照统筹安排、综合利用的原则组织实施。设备管理部门在制定维修作业计划涉及其他部门时要主动联系其他设备管理部门，减少或避免维修作业时相互干扰。

（2）高速铁路维修作业需开行路用列车时，路用列车开行方案必须纳入维修计划。路用列车开行方案必须明确发站、到站、编组、运行径路、作业地点、作业防护地点及转线计划，明确路用列车司机和随车的施工负责人的联系电话（包括 GSM-R 电话号码）。维修计划下达后，设备管理单位不得随意变更路用列车开行方案。

（3）高速铁路固定设备上线检查、检测、维修工作都必须在天窗时间内进行，天窗时间外不得进入桥面、隧道和路基地段栅栏范围内。其他地段的检修作业，由铁路局（集团公司）制定相关规定。

（4）高速铁路维修天窗结束后开行动车组列车前，应开行确认列车，确认列车开行纳入列车运行图。

185. 高速铁路工务维修天窗作业项目有哪些？

答：高速铁路工务维修天窗作业项目分为Ⅰ级维修项目和Ⅱ级维修项目。

（1）Ⅰ级维修项目：

① 钢轨、道岔大型养路机械打磨。

② 开行路用列车运送作业人员，装卸机具、材料。

（2）Ⅱ级维修项目：

① 工务设备上线检查、检测。

② 轨道精调。

③ 采用改道、垫板方式处理零小线路病害。

④ 整理外观及修理、油刷线路标志。

⑤ 螺栓扣件涂油。

⑥ 栅栏内各种排水设备、加固设备的整修及清淤。

⑦ 整修栅栏。

⑧ 防灾安全监控系统的维修与更换。

⑨ 可能影响行车安全的清理危石。

⑩ 在天窗内可以完成的其他作业项目。

186. 高速铁路电务系统信号专业维修天窗作业项目有哪些?

答：高速铁路电务系统信号维修天窗作业项目分为Ⅰ级维修项目和Ⅱ级维修项目。

（1）信号Ⅰ级维修项目：

① 年度信号联锁关系检查试验。

② 室内、外单套设备更换。

（2）信号Ⅱ级维修项目：

① 道岔转辙设备检修。

② 信号机设备检修及显示调整。

③ 区间、站内轨道电路设备检修。

④ 信号机械室、中继站、箱式机房内设备检修。

⑤ 列控地面设备、CTC/TDCS设备检修。

⑥ 各种箱盒、贯通地线、光电缆等设备检修。

⑦ 室内、外设备整治及零小器材更换。

⑧ 在天窗内可以完成的其他作业项目。

187. 高速铁路电务系统通信专业维修天窗作业项目有哪些?

答：高速铁路电务系统通信维修天窗作业项目分为Ⅰ级维修项目和通信Ⅱ级维修项目。

（1）通信Ⅰ级维修项目：

① 影响行车通信业务的光电缆、网络设备整治和网络调整。

② 影响行车通信业务的 GSM-R 网络设备检修、整治。

③ 影响行车通信业务的通信电源设备检修、整治。

（2）通信Ⅱ级维修项目：

① 影响行车通信业务的设备、光缆、电路测试及主备用倒换、试验。

② 影响行车通信业务的传输、接入设备检修。

③ 影响行车通信业务的数据通信网设备检修。

④ 影响行车通信业务的调度通信设备检修。

⑤ 影响行车通信业务的直放站设备及天馈线、漏缆等设施的检修、整治。

⑥ 行车通信业务停用、调整作业。

⑦ 在道床坡脚以内进行的通信设备、设施的日常检查、维修作业项目。

⑧ 在天窗内可以完成的其他作业项目。

188. 高速铁路供电维修天窗作业项目有哪些？

答：高速铁路供电维修天窗作业项目分为Ⅰ级维修项目和Ⅱ级维修项目。

（1）Ⅰ级维修项目：

① 更换接触网支撑装置、补偿装置。

② 更换接触网隔离开关、电缆及电缆头等设备。

③ 两辆以上接触网作业车进行的接触网维修作业。

④ 两个以上接触网工区进行的联合作业。

（2）Ⅱ级维修项目：

① 更换接触网零部件。

② 接触网检查测量作业。

③ 接触网悬挂、分相、分段、线岔等检查调整。

④ 接触网设备标识，分相断、合标等行车标志检查维护。

⑤ 接触网绝缘部件清扫维护。

⑥ 栏栅内电力贯通线电缆检修。

⑦ 在天窗内可以完成的其他作业项目。

189. 高速铁路房建维修天窗作业项目有哪些?

答:高速铁路房建维修天窗作业项目分为Ⅰ级维修项目和Ⅱ级维修项目。

(1) Ⅰ级维修项目:

① 雨棚及跨越线路站房的屋面、檐口板维修。

② 雨棚吊顶板维修。

③ 线路上方的玻璃设施、幕墙维修。

④ 线路上方的装饰板维修。

(2) Ⅱ级维修项目:

① 站台、雨棚限界测量。

② 雨棚落水管路疏通、维修。

③ 雨棚天沟杂物清理、维修。

④ 站台墙吸音板检查维修。

⑤ 雨棚照明线路维修、灯具更换。

⑥ 站台帽石维修。

⑦ 在天窗内可以完成的其他作业项目。

190. 高速铁路车辆维修天窗作业项目有哪些?

答:高速铁路车辆维修维修天窗作业项目分为Ⅰ级维修项目和Ⅱ级维修项目。

(1) Ⅰ级维修项目:

① 更换 TFDS、TEDS、TVDS 沉箱、侧箱。

② 踏面诊断及受电弓检测装置、动车组外皮清洗机等设备的安装、拆除、更换大型部件。

(2) Ⅱ级维修项目:

① 5T、AEI 设备的半月检、月检、春秋季整修。

② 更换 THDS 探头箱、大门电机、轴温探测器。

③ 调整或更换 TFDS、TVDS 和 TEDS 轨边设备大门电机。

④ 踏面诊断及受电弓检测装置、动车组外皮清洗机等设备的定期校验、标定。

⑤ 调整、紧固卡轨器，更换磁钢、车号天线及卡具。

⑥ 更换、校对或焊接轨边电缆。

⑦ 在天窗内可以完成的其他作业项目。

191. 高速铁路因特殊原因需临时增加维修作业时应如何办理？

答：维修计划下达后，因特殊原因需临时增加维修作业时，在不与其他施工及维修作业产生冲突的前提下，由设备管理单位报主管业务处室审核同意后，报铁路局（集团公司）调度所实施。铁路局（集团公司）所管设备越过局（集团公司）间分界站延伸至相邻铁路局（集团公司）调度指挥区段时，由调度管辖铁路局（集团公司）业务处室审核同意后，报铁路局（集团公司）调度所实施。

192. 160 km/h 以上区段行车设备需要临时补修时应如何办理？

答：综合检测列车及设备管理单位发现 160 km/h 以上区段行车设备需要临时补修作业时，由设备管理单位向铁路局（集团公司）主管业务处室提出申请，经主管业务处室审核后会同调度所向分管运输副局长（副总或总调度长）汇报并同意，由调度所及时安排。

第八章　施工作业登销记

193．施工登销记有什么要求？

答：凡可能侵入营业线安全限界及在封闭网（栅栏）等防护设施内进行的施工、维修作业，均应在车站（或调度所）进行运统-46 登、销记。登记内容必须明确干什么（工作）、停用什么（设备）、影响什么（使用）；销记内容必须明确开通后列车（调车）运行条件。停用行车设备的施工和维修作业，必须由列车调度员发布批准调度命令后方可进行，非调度员控制的站（段、所）控设备施工、维修作业由车站（或段）值班员批准同意。

（1）施工、维修登记重点事项

① 高速铁路分散自律模式下施工（维修）单位派驻调度所联络员在调度所进行登、销记，普速铁路及高速铁路非常站控模式下由驻站联络员在车站进行登、销记。

② 施工登记前，车站值班员要认真审核施工（维修）及配合单位驻站联络员是否按规定佩戴标志。

③ 车站值班员必须得到施工（维修）单位负责人确认施工准备到位后方可在运统-46 内签认。

④ 施工登、销记内容应纳入施工预备会（或施工点名会）审查事项，施工时严格按确定的内容、样式在《行车设备施工登记簿》进行登、销记。

⑤ 利用列车间隔进行的作业必须按《××铁路局（集团公司）铁路营业线施工安全管理实施细则（办法）》规定的项目进行登记，简单、含糊其辞的登记内容，车站值班员不得签认。

⑥ 严格施工登记内容、施工计划、调度命令核对制度，确认

无误后，车站值班员方可进行签认，准许施工，盯岗干部必须严格把关。

（2）登记的时间

① 普速铁路施工、维修单位负责人应确认已做好一切施工准备，在施工点前 40 min 由施工负责人（驻站联络员）按计划规定的项目、内容、影响使用范围等在车站《行车设备施工登记簿》登记，并由设备管理单位确认签名，通过车站值班员向列车调度员申请施工。

② 高速铁路施工、维修单位负责人应确认已做好一切施工准备，在施工点前 60 min 登记，设备管理及配合单位确认签名，列车调度员签认。

③ 如施工（或维修）单位不能按计划完成施工（维修）任务需续点时，由施工负责人（通过驻站或驻调度所联络员）提前 20 min 向车站值班员（或列车调度员）汇报，并在计划封锁时间结束前 10 min 完成续点登记工作。

（3）车站申请施工、维修调度命令的要求

① 车站值班员接到施工、维修单位的申请后，必须认真核对月度施工计划、周计划、施工日计划和运行揭示调度命令，确认无误后在《行车设备施工登记簿》签名，并报请列车调度员发布命令。

② 车站值班员应将调度命令摘要记录在《调度命令交接簿》上，并在《行车设备施工登记簿》上加盖行车（施工）专用章后，交付施工、维修单位负责人（或驻站联络员）。

194. 施工单位接到调度命令后，应做好哪些工作？

答：施工单位接到调度命令后，应对调度命令内容与施工计划、施工登记内容核对无误后，方可开始施工，严格按照优化的施工方案进行落实，并及时处理突发问题，在实际施工调度命令的起止时间内完成施工任务。施工完成后，经施工、设备管理单位检查达到放行列车条件，并确认所有作业人员、机具、材料都已撤离到安全地点（材料堆放牢固，无侵限）后，方可由施工负责人（驻调度所、驻站联络员）、设备单位检查人（或设备单位指定人员）办理开通销记手续，车站值班员（或列车调度员）签认后，按规定开通线路；如不能按时开通线路，施工负责人应提前 20 min 通知驻调度所（或驻站）联络员办理续点手续。

195. 所管设备越过局（集团公司）间分界站延伸至相邻铁路局（集团公司）调度指挥区段时，如何办理登销记？

答：所管设备越过局（集团公司）间分界站延伸至相邻铁路局（集团公司）调度指挥区段时，延伸段的登销记应在局（集团公司）间分界站办理。

196. 同时影响两站以上的通信施工怎样进行登销记？

答：同时影响两站以上的通信施工登、销记应在调度所办理。

197. 施工结束放行列车前，应如何销记？

答：施工结束放行列车前，驻调度所（驻站）联络员应确认以下事项：

（1）作业完毕后各相关单位分别进行销记，主体单位确认全部作业单位销记后，方可申请开通线路。

（2）在签认销记前，车站值班员应核实施工、检修负责人（驻站联络员）设备是否满足开通使用要求，所有机具、材料是否全部撤离施工作业区域，无侵限或导致行车障碍的路材路料，作业人员均已撤离到安全区域后，方可签认，同意销记，并向列车调度员申请销记命令。

第九章 集中修组织管理

198. 什么是集中修？

答：集中修是集中调配施工机械、人员、路料，综合利用施工天窗，集中完成一条线路行车设备大中修和技术改造任务的一种施工组织形式。集中修有利于提高施工效率和质量，减少施工对运输的整体影响，主要适应于通过能力紧张的繁忙干线。

199. 如何开展集中修工作？

答：集中修的施工时间根据施工工作量来确定，可集中安排一段时间，也可分段进行施工。为做好集中修工作，一般需调整施工分号运行图，在运输条件许可的情况下，施工天窗、施工慢行附加时分和处所可适当增加。同时，相应采取整体运输调整措施，为集中修创造条件。在完成集中修的地段，可适当调整维修天窗时间和作业次数。

（1）集中修的年度轮廓计划由铁路总公司运输局协调相关铁路局（集团公司）编制，以铁路总公司文电形式公布实施。涉及每条线集中修施工前，铁路总公司运输局组织相关铁路局（集团公司）对施工日期、天窗、运输调整等事项进行协调。集中修具体施工计划由铁路局（集团公司）编制，先编制总体施工计划，根据施工进度，在总体施工计划的基础上适时进行计划调整，以旬或周计划的方式组织实施。施工计划报铁路总公司运输局有关部门备案。

（2）集中修的施工机械、人力、路料调配工作由铁路总公司相关部门协调各铁路局（集团公司）确定，铁路局（集团公司）

应提前做好集中修的各项准备工作。为保证集中修的路料运输工作，铁路局（集团公司）应制定路料运输方案，调度所应加强路料运输的日常组织。

（3）铁路局（集团公司）应成立集中修施工安全监督队伍，强化施工现场安全监控，发现问题及时纠正，出现问题危及行车安全时有权责令施工单位恢复设备，停止施工。同时，铁路局（集团公司）要加强集中修考核工作，安排专人对施工天窗兑现率和利用率进行逐日统计、分析、考核，掌握施工进度，提高施工天窗的综合利用效率。

200. 铁路局（集团公司）如何加强集中修组织管理？

答：铁路局（集团公司）应加强集中修的组织管理，成立集中修协调小组，协调小组成员参照Ⅰ级施工协调小组，全面负责施工方案、施工计划、施工组织协调、施工安全管理等工作，协调小组可指定人员具体负责集中修日常协调组织工作。根据集中修范围，可分片区成立集中修施工管理小组，负责本片区的施工组织协调实施工作。

201. 设备管理单位应该如何加强集中修管理？

答：为强化集中修的安全监控工作，设备管理单位应安排专人对管内施工地点进行监护，加强对施工安全和质量的监督检查，并负责与施工单位负责人共同确认开通条件，严把施工开通关。与集中修有关的车站，站长（或主管副站长、车间主任）必须到岗监督作业，保证行车安全。

第十章 施工安全管理责任

202. 确保施工安全是哪些单位和部门的责任？

答：确保施工安全是建设、设计、施工、监理、行车组织、设备管理等单位和部门的共同责任。各单位均需牢固树立安全意识，严格执行各项规章制度，建立健全安全责任制，落实安全措施和责任，正确处理施工与行车安全的关系，严格遵循"安全第一"的原则，服从行车安全的需要。做到分工明确，责任清楚，措施具体，管理到位。

203. 施工单位的施工安全管理责任是什么？

答：施工单位的安全管理责任主要为：

（1）建立健全施工安全保证体系。施工单位应建立健全施工安全保证体系，按规定设置安全生产管理机构，配备安全生产管理人员，履行施工安全管理和日常检查的职责；负责对全体施工人员进行施工安全教育，建立完善的施工安全责任制；要严格执行营业线施工的各项规章制度，科学制定施工方案，对Ⅰ、Ⅱ级施工还要制定施工方案示意图、施工作业流程计划图、安全关键卡控表，并严格按审定的方案、范围和批准的封锁慢行计划组织施工。

（2）落实施工项目经理安全负责制。施工负责人对施工项目的安全工作全面负责。因施工原因发生的铁路交通事故，首先要追究施工负责人的责任。施工负责人应具备必需的施工安全素质。施工项目经理、副经理，安全、技术、质量等主要负责人必须经铁路总公司（或铁路局、集团公司）营业线施工安全培训，未经培训或培训不合格的人员不得担任上述工作。

（3）规范营业线施工安全培训制度。施工单位的安全员、防护员、联络员、带班人员和工班长必须经过铁路局（集团公司）有关部门培训。未经培训或培训不合格的人员担任上述工作，要追究施工单位领导的责任；培训合格的上述人员担任上述工作时，因施工安全知识不达标发生事故的，要追究培训部门的责任。

（4）主动执行提前协调、技术交底和接受监督管理。施工单位在施工前，要做好充分准备，并提前向设备管理和使用单位进行技术交底，特别是影响行车安全的工程和隐蔽工程；至少在正式施工 72 h 前向设备管理单位提出施工计划、施工地点及影响范围。施工中，要严格执行技术标准、作业标准、工艺流程和卡控措施，严禁超范围作业，确保施工质量；施工完成后，必须达到放行列车条件并经设备管理单位确认后，方可申请开通线路。轨道车、施工机械等自轮运转特种设备上线运行必须符合铁路运输企业有关规定。施工单位要接受运输、设备管理单位和部门安全检查人员的监督检查，对检查出的问题要及时整改。

（5）把好设备整修及阶梯提速关键。封锁施工线路开通后，应加强检查和整修，确保线路开通后阶梯提速。线路慢行应尽快恢复常速，并按有关规定尽快办理交接。

（6）施工单位必须对可研采集数据及风险预测使用方法的真实性、安全性负责。

204. 建设单位的施工安全管理责任是什么？

答：建设单位负责按照国家及铁路总公司有关规定审核设计、施工、监理单位的资质，审查施工单位的工程技术人员的资质、水平，及机械设备、施工组织设计、安全生产保障措施等，对可研采集数据及风险预测使用方法的真实性、安全性负责。在设计、工程招投标、审批施工方案、项目经理和有关人员的安全培训、法制教育、工程质量和安全的日常监督检查、工程竣工验收等各个环节上，做好确保行车安全的组织协调和监督检查工作。

205．设计单位的施工安全管理责任是什么？

答：设计单位在设计文件中，必须明确施工期间营业线的行车安全条件，施工影响范围内各种行车设备的状况，对所涉及行车设备的防护措施（包括施工过渡过程，必须按正式文件设计）。为确保行车安全必须采取的施工工艺和指导性施工安全方案，以及安全保护区及安全保护距离范围内威胁铁路运输安全的设备设施迁移方案（如建筑物、构筑物、危险品工厂及作业、采矿、采石、挖沙、加油加气站、尾矿坝等），一并纳入设计工程预算，安保（含劳动保护）、环保设备、设施必须实现"三同时"（同时设计、同时施工、同时竣工验收投产使用）。

206．监理单位的施工安全管理责任是什么？

答：监理单位要认真履行监理合同，根据不同施工项目合理选择监理方式监督施工单位按设计标准和有关规范、规定施工，及时防范施工中的安全隐患，监理单位需对可研采集数据及风险预测使用方法的真实性、安全性负责，彻底消除因施工质量不良给行车安全留下的隐患。

207．设备管理部门和单位的施工安全管理责任是什么？

答：设备管理部门和单位的施工安全管理责任主要体现在以下几个方面：

（1）设备管理部门和单位需建立施工安全监督体系，完善施工安全监督检查管理办法，加强对施工安全和工程质量的监督检查。

（2）设备管理部门应根据工程规模和专业性质，对安全监督检查人员进行安全知识和业务知识培训，并对合格人员发培训合格证。

（3）接到施工单位的施工请求后，设备管理单位应对施工方案和计划及影响范围进行认真核对，积极协助设计和施工单位核查既有设备情况，提供地下管、线、光电缆等隐蔽设施的准确位置。无法提供准确位置时，由设计单位会同施工、设备管理单位（对行车安全影响较大的还必须有铁路局或集团公司参加）共同探查、核实，划定防护范围。并在签订安全协议时，明确各方安全责任。施工开始前，派员进行施工安全监督。

（4）设备管理单位应加强对本单位派出的安全监督检查人员的管理，建立一支业务熟、能独立工作、责任心强的安全监控队伍，委派熟悉业务的安全监督检查人员持证上岗，对各种施工涉及行车安全的各方面实行全程监督检查。

（5）安全监督检查人员发现施工单位违章作业、安全措施不落实以及存在危及行车安全的施工，有权停止其作业；对封锁施工要根据施工质量，最终确认满足线路放行列车条件后，方可开通线路；线路开通后，需要慢行的地段还要对慢行的速度、距离和时间检查，直到列车恢复常速、线路质量稳定。

（6）封锁施工开通后，设备管理单位要对施工单位的检查和整修工作严格把关；开通后列车运行速度必须按速度阶梯逐步提高。线路慢行处所应尽快恢复正常速度，并按有关规定尽快办理交接。

（7）设备管理单位要加强对施工的点前准备、点中控制、点后开通、逐步提速等情况的监护工作，实行开通、提速检查签认制度。

208. 行车组织部门的施工安全管理责任是什么？

答：行车组织部门的施工安全管理责任为：

（1）积极做好施工组织协调工作，制订非正常情况下的行车组织措施，提前调整车流，加强施工期间的行车组织指挥，为施工作业创造条件。

（2）加强施工期间行车组织和调度指挥。非正常情况下接发列车，站长（或主管副站长、车间主任）必须到岗监督作业，保证作业标准严格执行，施工安全卡控措施有效落实。控制好"发布行车命令、确认区间空闲、进路检查确认、行车凭证填写交付、引导信号使用"等关键环节。

（3）施工开通必须严格执行"施工单位、设备管理单位登记开通、车站签认和列车调度员发布开通命令"的程序。

209. 施工中对既有设施的安全管理责任是如何划分的？

答：（1）设计和施工单位对既有设施应有可靠的防护措施，防止既有设施在施工中损坏。

（2）由于设备管理单位提供的设施位置错误造成损坏的，设备管理单位应承担责任并及时修复。

（3）因设计单位提供的设施位置不准确或遗漏造成设施（设备）损坏的，设计单位应负主要责任；设计单位提供的设施位置准确，设施（设备）因施工造成的损坏，施工单位应负主要责任。

（4）施工单位和设备管理单位要加强对既有设备的监控巡查，发现异常必须立即停工处理，确认对既有设备无影响后方可继续施工。

（5）因施工造成既有设备发生损坏时，施工单位应及时组织抢修，设备管理单位应积极配合，尽快恢复正常使用。

210. 各级施工协调小组的施工安全管理责任是什么？

答：各级施工协调小组的施工安全管理责任主要有：

（1）提前确定现场监控人员，深入施工现场，做好组织协调工作，强化现场安全监控。

（2）建设、设计、施工、监理、设备管理、行车组织、安全监察等部门、单位人员，要在组长或副组长的领导下，明确工作重点，盯住关键环节，督促安全措施落实，协调解决施工过程中临时发生的问题，保证施工安全。

第十一章 施工过渡工程及工程验收交接

211. 怎样加强施工过渡工程管理？

答：施工过渡是增建双线、新线引入、技术改造、电气化工程等营业线建设项目组织施工和运输配合的重要环节。建设、设计、施工、监理、行车组织、设备管理部门和单位均需加强过渡工程管理，保证行车、人身和施工安全。

212. 建设单位应如何加强过渡工程管理？

答：建设单位要将过渡工程按正式工程组织建设，并组织行车组织、设备管理、设计、监理部门和单位对施工单位编制的施工过渡方案进行审查。

213. 设计单位应如何加强过渡工程管理？

答：设计单位要按照正式工程的管理要求进行过渡工程勘察设计，提出指导性施工过渡方案和保证安全运营的具体措施；要优化设计方案和指导性施工过渡方案，减少线路换边拨接次数，减少过渡工程；要根据规程规范、线路条件和运输需要，合理选择便线的曲线半径以及其他技术标准，保证勘察设计质量。设计审查部门要按照正式工程进行审查。

214. 施工、监理单位应如何加强过渡工程管理？

答：施工、监理单位要比照正式工程组织过渡工程施工和实施工程监理。施工单位要对既有设备布置进行现场核对，根据设计文件和审查后的指导性施工过渡方案编制施工过渡方案，严格按照设计文件和批准的施工过渡方案进行施工。监理单位应督促施工单位严格按照批准的施工过渡方案进行施工，并实施旁站监理，参与竣工验收。

215. 行车组织和设备管理部门应如何加强过渡工程管理？

答：行车组织和设备管理部门要参加指导性施工过渡方案和施工过渡方案的审查，做好现场配合工作。

216. 工程质量安全监督机构应如何加强过渡工程管理？

答：工程质量安全监督机构需加强对过渡工程的监督，负责检查施工过渡方案，对实施过程和竣工验收工作实施监督等。

217. 营业线站场改造工程中，应如何加强对接入或移动道岔的管理？

答：严禁进路有关道岔未纳入联锁时开放信号办理列车和调车作业。营业线站场改造工程中，凡所接入或移动的道岔，必须按信号过渡工程设计、施工，将道岔表示纳入车站联锁后方可开放相应的信号机。否则，按非正常办理行车。

218. 如何进行过渡工程验收开通？

答：过渡工程的竣工验收要按照正式工程组织。过渡工程除拢口拨接地段外，其他应提前进行验收。对不能预先轧道的过渡工程，由建设、施工、监理和设备管理单位联合检查确认达到《工程施工质量验收标准》要求，验收合格后方可开通。未经验收或验收不合格的，不得交付运营单位，也不得开通运营。

219. 过渡工程的开通程序是什么？

答：过渡工程的开通速度和运行速度由施工单位依据设计和

施工资料提出申请，经运营单位审查后确定。验收合格的过渡工程，由运营（维管）单位维护，开通后 24 h 内，施工单位协助运营单位进行维护。施工单位对过渡工程的施工质量负责，运营单位对过渡工程的设备维护负责。有关费用按规定办理。

220. 营业线基建、更新改造项目的施工应遵循什么原则？

答：营业线基建、更新改造项目的施工必须遵照"建成一段，投产一段"的原则，及时验收交接、拨接开通。未经验收合格的工程不得拨接开通使用。

221. 营业线基建、更新改造项目的验交程序是什么？

答：（1）施工单位要严格按批准的设计文件和施工方案进行施工，确保工程质量。基建、更新改造项目必须达到设计规范和《工程施工质量验收标准》要求，且竣工资料齐全后方可申请验交。行车组织、设备管理部门要提前做好各项接管准备工作，对新增人员提前进行培训，提前调配到位。电气化改造项目在受电前 15 天由项目管理机构将具体受电日期、范围通知路内外有关单位，并进行路外安全宣传。

（2）营业线的铁路建设项目施工，工程完成并达到设计要求后，施工单位要及时向建设单位提出验收交接申请；建设单位按照铁路建设工程竣工验收交接办法及时组织工程验收交接。验收交接工作要在开通使用前进行。竣工验收交接后，方能正式移交使用单位运营或投产使用，未办理验收交接或验收不合格的工程一律不得交付使用。

222. 铁路建设项目新线（无砟轨道除外）施工中的正、站线线路在验交开通前应做好哪些工作？

答：铁路建设项目新线（无砟轨道除外）施工中的正、站线线路在验交开通前要经过机车多次轧道（正线轧道 50 次、站线轧道 30 次）、整修或大型养路机械整道，直至达到《工程施工质量验收标准》要求，经验收交接后方可开通。凡正式办理验交手续的线路及设备，均应由设备管理单位负责维修养护。对不能预先轧道和进行动态验收的线路、道岔施工，由建设、施工、监理和设备管理单位联合检查确认达到《工程施工质量验收标准》要求，验收合格后方可开通。开通后由运营单位接管，开通后 24 h 内，施工单位协助运营单位进行维护。运营单位要使其尽快达到规定的允许速度。

223. 车站信联闭设备施工后的开通使用有哪些要求？

答：车站信联闭设备施工后，必须封锁进行全面的联锁试验，确认联锁关系无误后方可开通使用，涉及列车进路使用的设备严禁利用列车间隔进行联锁试验。列控设备施工后须动态试验正确后方可开通使用。

第十二章 施工管理信息系统及施工安全专项管理

224．为什么实行施工管理信息系统？

答：施工管理信息系统是铁路运输组织工作的重要内容。因施工管理联系面广，往往涉及路内外多个单位，包括工务、电务、供电、机务等业务处室、调度所以及相关站段、工程局等，需协调好有关各单位。尤其是跨局（集团公司）长交路机车的投入运行，司机需要在出乘前掌握运行线路上的全部施工信息，因此提出了跨局（集团公司）下达、传输、签收施工调度命令的新课题，传统的依靠电话传真进行施工调度作业的模式已经难以满足运输生产的实际需要。因此，必须将施工月计划、施工日计划、施工调度命令贯穿结合起来，合理安排，有效指挥。

施工管理信息系统依托于铁路运输生产信息网络，进行编制、申报、优化、审批、下达施工月度计划，在由施工月度计划自动产生的施工日计划的基础上，根据行车计划的安排对施工时间加以调整，生成施工调度命令，并迅速、准确、安全的将命令下达给全路相关路局（集团公司）、施工台和各基层单位，汇总、统计、分析各施工单位实际施工情况和施工信息，从而实现施工调度的综合管理。

225．如何加强施工管理信息系统建设？

答：为提高施工管理信息化程度，应积极推进实施铁路施工管理信息系统。

（1）施工管理信息系统投入使用前应按规定进行测试、评审。

（2）施工管理信息系统应具备施工月计划、施工日计划、维修计划提报、会签、审批、下达、签认、统计和施工调度命令管理等功能。施工管理信息系统的数据应保证安全、真实、完整、有效，并建立数据的保存、备份和查询制度。

（3）施工管理信息系统由信息技术部门负责维护。施工管理信息系统的运用、维护、管理办法由铁路局（集团公司）制定。

（4）实施施工管理信息系统的单位，可逐步取消相关纸质文档、文电。

226. 铁路营业线施工应如何加强安全专项管理？

答：施工单位要严格执行铁路安全生产各项规章制度，坚决杜绝施工前超范围准备、施工中挖断光（电）缆、爆破损坏行车设备、作业车辆溜逸、轨道车辆违章行驶、施工后线路未达到放行列车条件违章放行列车、开通后整修线路不及时、机械和料具侵限、使用封连线和违章使用手摇把等危及行车安全的问题。同时，施工料具要集中管理，必要时派人看守。对影响行车的各个环节，必须加强管理，落实措施，严密防范，确保行车安全。

227. 如何规范非局（集团公司）管单位的施工安全风险抵押金管理？

答：铁路局（集团公司）应健全对非局（集团公司）管工程单位的施工安全风险抵押金考核、奖惩制度，按工程费用总额收取局外施工单位工程预算的 1%作为安全风险抵押金，不足 2 万元按 2 万元收取。年度超过 50 万元时按 50 万元缴纳。施工安全抵押金按照收取合同工期在 12 个月以内时，一次交清。施工期限在 12 个月以上，按应缴总施工安全抵押金的年平均费用，于开工前或每年年底签订次年安全协议前，按年度一次交清。

对施工过程中发生违章作业、安全措施不落实及影响行车安全的施工作业行为，设备管理单位有权及时下发整改通知书、停工通知书或处罚通知书，责令相关单位及时整改或停工，设备管理单位及时报铁路局（集团公司）业务处和安监室，铁路局（集团公司）安监室按规定扣除一定额度抵押金进行处罚。

扣除的安全抵押金可用于评比奖励及购置不构成固定资产的施工安全检查所需的量具和器材等。工程竣工前施工安全抵押金不足时，由设计、监理和施工单位在一个月内补交完毕。

228. 对参与营业线施工的劳务工及技术复杂作业项目有哪些要求？

答：（1）参加营业线施工的劳务工必须由具有带班资格的正式职工（即带班人员）带领，不准劳务工单独上道作业。

（2）用工单位对劳务工要进行施工安全培训、法制教育和日常管理；要先培训，培训合格后方可上岗。

（3）劳务工不能担任营业线施工的施工安全防护员和带班人员等工作，不准单独使用各类作业车辆。

（4）对营业线施工中的轨道、桥隧、通信信号、接触网等技术复杂、可能危及行车安全的作业项目，严禁分包、转包。

229. 如何加强营业线雨季施工安全管理？

答：（1）雨季营业线施工要认真执行《铁路实施〈中华人民共和国防汛条例〉细则》，落实防洪措施。

（2）施工中必须保持营业线排水系统的畅通，对可能影响营业线路基、桥涵、隧道等设施设备稳定的任何作业，必须设置足够可靠的安全防护措施，做到防患于未然。

（3）建设单位要及时组织设计、施工、监理及设备管理等单位和部门，对施工地段联合进行汛前防洪检查，发现问题由设计、施工单位及时处理。

（4）凡可能影响安全渡汛的施工地段，施工单位要认真接受防洪部门的防洪检查和指导，按要求认真落实责任，并制定防洪预案。

230. 如何加强高速铁路栅栏门管理?

答:(1)栅栏门以关闭加锁为定位,进出栅栏门必须严格执行登销记制度。

(2)栅栏门管理人员须对施工、维修作业负责人查验施工或维修计划后方可允许作业人员进入栅栏内,作业人员不得擅自翻越栅栏上道。

(3)进入栅栏前应由作业负责人在看守点登记上道人数和机具、材料数量,作业结束后看守人员应同作业负责人核对确认人员、机具、材料完全撤出栅栏并进行销记。

(4)故障应急处置或抢险救援需临时破拆栅栏时,破拆单位负责及时恢复栅栏并在恢复封闭前对栅栏缺口安排专人看守。

(5)普速铁路和高速铁路并行时,普速铁路施工和维修作业必须与高速铁路做好物理隔离,进出栅栏门必须严格执行高速铁路登销记制度。

231. 施工期间需设置临时道口时有什么规定?

答:施工期间需设置临时道口时,应征得铁路运输企业(铁路局或集团公司)的同意。施工单位在临时道口设置期间要设人看守,并按规定日期拆除。施工单位在施工中必须保证道口(含临时道口)设备符合标准,并按铁路道口管理有关规定进行管理。

232. 铁路局(集团公司)怎样加强营业线施工考核工作?

答:(1)严格执行营业线施工考核制度。明确单位天窗时间内工作量,建立经济考核制度和奖惩办法,对施工计划和施工、维修天窗的兑现率、利用率进行考核。运输部门考核兑现率,主管业务处室考核利用率,确定"两率"基数,严格按月考核。对超过"两率"基数的给予奖励,对达不到"两率"基数的给予处罚。

（2）建立施工安全奖惩制度和抵押金制度。对在营业线施工保证行车安全中做出贡献的人员和单位，要给予奖励。对不遵守铁路施工安全规定，影响铁路行车安全及运输设施安全的施工单位，要按照《铁路安全管理条例》有关规定进行处理。对发生铁路交通责任事故的建设、设计、施工、监理等单位，要根据事故性质和责任，按《铁路安全管理条例》、《铁路交通事故调查处理规则》和铁路营业线工程施工招标工作的有关规定进行处理，处理方式可采用停工整顿、责令改正、赔偿经济损失、辞退责任施工单位等；铁路运输企业在一定期限内不再委托责任单位承担铁路营业线工程项目，或在招投标时对其进行扣分。具体处理办法应在施工安全协议书中予以明确。特别重大事故按照国务院和铁路总公司有关规定办理。

（3）铁路局（集团公司）安监室每月 10 日前将铁路局（集团公司）管内上月有关施工单位发生事故调查处理和责任情况，上报铁路总公司安全监督管理局。铁路总公司建设管理部根据安监局的事故统计报告按有关规定及时进行处理。铁路工程项目资格审查时，招标人要将事故责任情况作为重要的评审条件。

（4）施工发生事故按照《铁路交通事故调查处理规则》进行认真分析，查明原因；铁路安全监督管理办公室对施工的责任事故调查处理和定责情况，及时通知建设、设计、施工、监理等有关单位，责成其对事故责任者、责任单位及有关领导进行严肃处理，追究其责任。

（5）建立健全繁忙干线施工日分析制度。铁路局（集团公司）调度所每日对施工天窗兑现情况进行分析，对于未能按施工计划完成施工任务，特别是施工延时造成较大影响时，铁路局（集团公司）调度所要督促施工单位查找原因，制定整改措施，并写出书面报告，于当日 20：00 前报铁路总公司运输局调度处。

233. 为什么实行施工现场安全重点监控表？

答：施工现场安全重点监控表是铁路营业线施工和邻近营业线施工现场安全卡控的重要依据，它明确了各部门、施工单位及主管部门、施工项目、时间、地点、等级，以及设备管理单位、监理、设计等部门应尽的义务和重点监控处所及关键点，是确保施工现场安全的重要组成部分。营业线施工现场安全重点监控表见附件 5，邻近营业线施工重点监控表见附件 6。

第十三章 普速铁路施工 放行列车条件

234. 普速铁路进行有关影响道床路基稳定的封锁施工作业，采用大型养路机械捣固、稳定车作业的放行列车条件是什么？

答：普速铁路进行破底清筛、更换道床石砟、成段更换轨枕（板）、成组更换道岔、基床换填、一次起道量或拨道量超过 40 mm 的成段起道或拨道、利用小型爆破开挖侧沟或基坑（限于影响路基稳定范围）等影响道床路基稳定的封锁施工作业，采用大型养路机械捣固、稳定车作业的放行列车条件分以下两种情况：

（1）两捣一稳作业，开通后第一列 35 km/h，第二列 45 km/h，自第三列起限速 60 km/h，至次日捣固后第一列限速 60 km/h，第二列起限速 80 km/h，至第三日捣固后第一列限速 80 km/h，第二列限速 120 km/h，至第四日捣固后恢复常速。

（2）三捣两稳作业，开通后第一列 45 km/h，第二列 60 km/h，自第三列起限速 80 km/h，至次日捣固后第一列限速 80 km/h，第二列起限速 120 km/h，至第三日捣固后恢复常速。

道岔施工后直向、侧向按此标准分别阶梯提速。未达到上述捣固、稳定遍数的，应相应降低列车放行速度。

235. 普速铁路进行有关影响道床路基稳定的封锁施工作业，采用小型养路机械捣固时，放行列车条件是什么？

答：普速铁路进行破底清筛、更换道床石砟、成段更换轨枕（板）、成组更换道岔、基床换填、一次起道量或拨道量超过 40 mm

的成段起道或拨道、利用小型爆破开挖侧沟或基坑（限于影响路基稳定范围）等影响道床路基稳定的封锁施工作业，采用小型养路机械捣固时，放行列车条件为：开通后第一列 35 km/h，第二列 45 km/h，不少于 4 h，以后限速 60 km/h，至次日捣固后第一列限速 60 km/h，第二列起限速 80 km/h，至第三日捣固后第一列限速 80 km/h，第二列限速 120 km/h，至第四日捣固后恢复常速。

236. 普速铁路进行有关影响道床路基稳定的封锁施工作业，采用人工捣固时，放行列车条件是什么？

答：普速铁路进行破底清筛、更换道床石砟、成段更换轨枕（板）、成组更换道岔、基床换填、一次起道量或拨道量超过 40 mm 的成段起道或拨道、利用小型爆破开挖侧沟或基坑（限于影响路基稳定范围）等影响道床路基稳定的封锁施工作业，采用人工捣固，放行列车条件为：

（1）施工期间当日第一列 15 km/h，第二列 25 km/h，第三列 45 km/h，不少于 4 h，以后限速 60 km/h 至下次封锁前。

（2）施工结束，开通后第一列 15 km/h，第二列 25 km/h，第三列 45 km/h，不少于 4 h，以后按 60 km/h、80 km/h、120 km/h 各不少于 24 h 捣固后阶梯提速，其后正常。

237. 普速铁路进行哪些不影响道床稳定的封锁施工作业，开通后第一列 45 km/h，第二列 60 km/h，第三列 120 km/h，其后恢复常速？

答：普速铁路进行下列不影响道床稳定的封锁施工作业，开通后第一列 45 km/h，第二列 60 km/h，第三列 120 km/h，其后恢复常速：

（1）成段更换钢轨。

（2）无缝线路应力放散。

（3）成段调整轨缝，拆开接头并插入短轨头。

（4）成段修整轨底坡。

238. 普速铁路进行哪些不影响道床稳定的施工作业，开通后第一列 35 km/h，第二列 45 km/h，第三列 60 km/h，其后恢复常速？

答：普速铁路进行下列不影响道床稳定的施工作业，开通后第一列 35 km/h，第二列 45 km/h，第三列 60 km/h，其后恢复常速：

（1）使用冻害垫板一次总厚度超过 40 mm。

（2）长大隧道宽轨枕垫砟。

（3）道口大修（若影响道床稳定，比照影响道床路基稳定的施工作业办理）。

239. 普速铁路进行隧道整体道床翻修且不影响道床稳定的封锁施工作业时，放行列车条件是什么？

答：施工期间速度不超过 25 km/h，施工结束后第一列 45 km/h，第二列 60 km/h，其后恢复常速。

240. 普速铁路进行哪些桥隧涵封锁施工，开通后第一列 25 km/h，第二列 45 km/h，第三列 60 km/h，不少于 24 h，其后恢复常速？

答：普速铁路进行下列桥隧涵封锁施工，开通后第一列 25 km/h，第二列 45 km/h，第三列 60 km/h，不少于 24 h，其后恢复常速：

（1）更换或拨正钢梁、混凝土梁。

（2）抬高或降低桥梁。

（3）拨正支座、更换桥梁支座或翻修支撑垫石、砂浆厚度超过 50 mm。

（4）下承式钢梁方移桥枕、整孔上盖板喷砂除锈涂装。

（5）喷锚加固隧道衬砌。

241. **普速铁路进行哪些桥隧涵封锁施工作业，开通后速度不得超过 45 km/h，限速时间、次数和速度由施工负责人根据具体情况确定？**

答：普速铁路进行下列桥隧涵封锁施工作业，开通后速度不得超过 45 km/h，限速时间、次数和速度由施工负责人根据具体情况确定：

（1）整治和铺设混凝土梁、桥台防水层。
（2）翻修隧道内排水沟。
（3）加深隧道内侧沟整治道床翻浆冒泥。
（4）整治隧道仰拱破损及换填隧道铺底。

242. **普速铁路隧道内增设密井暗管慢行施工，放行列车条件是什么？**

答：施工期间限速 25 km/h，施工结束后第一列 45 km/h，第二列 60 km/h，其后恢复常速。

243. **普速铁路新建明洞、棚洞、开挖基础、桥涵顶进慢行施工，放行列车条件是什么？**

答：施工期间限速 45 km/h。

244. **普速铁路加固或拆除线路加固设备慢行施工，放行列车条件是什么？**

答：施工期间限速 45 km/h，施工结束后第一列 45 km/h，不少于 12 h，60 km/h、80 km/h 各不少于 24 h，120 km/h 运行 2 h 后恢复常速。

245. **普速铁路拆除钢轨、全面更换明桥面桥枕封锁施工，放行列车条件是什么？**

答：开通后第一列 35 km/h，第二列 45 km/h，第三列限速 60 km/h，其后恢复常速（施工期间每日开通后至次日封锁前最高速度不超过 60 km/h）。

246. 普速铁路不拆除钢轨更换明桥面桥枕封锁施工，放行列车条件是什么？

答：施工结束后第一列 45 km/h，第二列 60 km/h，第三列 80 km/h，第四列 120 km/h，其后恢复常速。

第十四章　高速铁路施工
放行列车条件

247. 高速铁路有砟轨道进行有关影响道床路基稳定的封锁施工，采用大型养路机械捣固、稳定等封锁作业后的放行列车条件是什么？

答：高速铁路有砟轨道进行连续 2 根及以上轨枕底道砟破底清筛、成段更换道床、大型养路机械换砟、基床换填、平纵断面改造、利用小型爆破开挖侧沟或基坑后的线路整修（限于影响路基稳定范围）、成组更换道岔(钢轨伸缩调节器)或岔枕、2 根及以上轨枕连续更换及方正等施工，采用大型养路机械捣固、稳定等封锁作业后的放行列车条件分三种情况：

（1）两捣一稳作业后，第一列限速 45 km/h，第二列限速 60 km/h，第三列起限速 80 km/h，至次日捣固后第一列限速 80 km/h，第二列起限速 120 km/h，至第三日捣固后第一列限速 120 km/h，第二列限速 160 km/h，至第四日捣固后第一列限速 160 km/h，第二列起限速 200 km/h，至第五日捣固后第一列限速 160 km/h，检查确认后恢复常速。

（2）三捣两稳作业后，第一列限速 60 km/h，第二列限速 80 km/h，第三列起限速 120 km/h，至次日捣固后第一列限速 120 km/h，第二列限速 160 km/h，至第三日捣固后第一列限速 160 km/h，第二列起限速 200 km/h，至第四日捣固后第一列 160 km/h，检查确认后恢复常速。

（3）五捣三稳作业后，第一列限速 80 km/h，第二列限速

120 km/h，第三列起限速 160 km/h，至次日捣固后第一列限速
160 km/h，第二列限速 200 km/h，至第三日捣固后第一列限速
160 km/h，检查确认后恢复常速。

　　道岔施工后直向、侧向按此标准分别阶梯提速。未达到上述
捣固、稳定遍数的，应相应降低列车放行速度。

248. 高速铁路有砟轨道进行有关影响道床路基稳定的封锁施工作业，采用小型养路机械捣固、稳定等作业后的放行列车条件是什么？

　　答：高速铁路有砟轨道进行连续 2 根及以上轨枕底道砟破底
清筛、成段更换道床、大型养路机械换砟、基床换填、平纵断面
改造、利用小型爆破开挖侧沟或基坑后的线路整修（限于影响路
基稳定范围）、成组更换道岔(钢轨伸缩调节器)或岔枕、2 根及以
上轨枕连续更换及方正等影响道床路基稳定的封锁施工作业，采
用小型养路机械捣固、稳定等作业后的放行列车条件分两种情况：

　　（1）施工作业期间：当日第一列限速 35 km/h，第二列起限
速 45 km/h 不少于 4 h，以后限速 60 km/h 至下次封锁前。

　　（2）施工作业结束后，应安排大型养路机械作业，放行列车
条件按"大型养路机械捣固、稳定车作业"办理。

249. 高速铁路无砟轨道进行哪些影响道床路基稳定的封锁施工，放行列车按审查批准的施工方案所确定的列车放行条件，必要时可开行综合检测列车确认？

　　答：高速铁路无砟轨道进行下列影响道床路基稳定的封锁施
工放行列车按审查批准的施工方案所确定的列车放行条件，必要
时可开行综合检测列车确认：

　　（1）更换无砟道床（含轨道板、道床板、砂浆填充层、底座
板、支承层）。

　　（2）CRTS Ⅱ型无砟轨道轨道板间接缝凿除和浇筑。

（3）侧向挡块凿除和浇筑。

（4）CRTS I 型无砟轨道凸型挡台凿除和浇筑。

250. 高速铁路进行哪些桥隧涵项目封锁施工作业开通后速度不超过 45 km/h，限速时间、次数和速度由作业负责人根据具体情况决定？

答：高速铁路进行下列桥隧涵项目封锁施工作业开通后速度不超过 45 km/h，限速时间、次数和速度由作业负责人根据具体情况决定：

（1）翻修隧道内排水沟。

（2）加深隧道内侧沟整治道床翻浆冒泥。

（3）整治隧道仰拱破损及换填隧道铺底。

251. 高速铁路进行哪些项目桥隧涵的封锁施工作业后第一列限速不超过 160 km/h？

答：高速铁路进行下列项目桥隧涵的封锁施工作业后第一列限速不超过 160 km/h：

（1）桥面上部钢结构局部修补。

（2）更换桥梁护轨。

（3）隧道施工缝、变形缝局部堵漏。

（4）隧道除冰。

（5）桥梁施工作业进行试顶需要起动梁身并回落原位。

（6）影响行车安全的路堑边坡维修、隧道洞口边仰坡维修、清理危石、伐树等。

（7）利用小型爆破开挖侧沟或基坑（限于不影响路基稳定的范围）。

252. 高速铁路新建明洞、棚洞开挖基础的慢行施工作业放行列车条件是什么？

答：高速铁路新建明洞、棚洞开挖基础的慢行施工作业放行列车条件是：施工作业期间，本线速度不超过 45 km/h，邻线列车限速 160 km/h。

253. 高速铁路路基降水施工作业放行列车条件是什么？

答：施工作业期间，本线限速不超过 120 km/h，施工作业结束后本线限速 160 km/h 不少于 24 h，后恢复常速；邻线列车限速 160 km/h。

254. 高速铁路有砟轨道路基注浆或旋喷桩加固慢行施工作业放行列车条件是什么？

答：施工作业期间，本线限速 45 km/h，施工作业结束后限速 45 km/h 不少于 12 h，限速 60 km/h、80 km/h、120 km/h 各不少于 24 h，后限速 160 km/h 一列再恢复常速；邻线列车限速 160 km/h。

255. 高速铁路进行整锚段更换接触网封锁施工作业的放行列车条件是什么？

答：高速铁路进行下列整锚段更换接触网封锁施工作业，开通后速度不超过 160 km/h；经对接触网调整后，限速不超过 200 km/h；再经精调、检测车检测合格，恢复正常速度。

（1）更换整锚段承力索。

（2）更换整锚段接触线。

（3）接触网故障恢复作业后几何参数发生变化、导线损伤或有临时接头时。

第十五章　铁路交通事故及应急处理

256. 什么是铁路行车设备故障?

答:设备故障一般是指设备失去或降低其规定功能的事件或现象,表现为设备的某些零件失去原有的精度或性能,使设备不能正常运行、技术性能降低,致使设备中断生产或效率降低而影响生产。

依据《铁路行车设备故障调查处理办法》(铁办〔2007〕168号文)规定:因违反作业标准、操作规程及养护维修不当或设计制造质量缺陷、自然灾害等原因,造成铁路机车车辆(包括动车组、自轮运转特种设备)、铁路轮渡、线路、桥隧、通信、信号、供电、信息、监测监控、给水、防护设施等行车设备损坏,影响正常行车,危及行车安全,均构成铁路行车设备故障。

257. 怎样处理突发性铁路行车设备故障?

答:对突发性铁路行车设备故障和灾害的紧急抢修,以及轨道状态超过临时补修标准和重伤设备处理等需临时封锁要点的施工,按下列程序办理:

(1)需临时封锁要点时,由设备管理单位向铁路局(集团公司)主管业务处室提出申请,主管业务处室审查,经分管运输副局长(或副总、总调度长)批准后,由调度所安排实施。

(2)危及行车安全需立即抢修时,设备管理单位按规定采取措施,在《行车设备检查登记簿》内登记,高速铁路经调度所值班主任(副主任)批准,普速铁路通过车站值班员报告铁路局(集团公司)列车调度员经调度所值班主任批准,发布调度命令进行抢修,设备管理单位同时通知配合单位和铁路局(集团公司)主管业务处室。

258. 什么是事故？

答：事故是指在人们日常生活或正常生产活动中，违背人们意愿，造成生产、生活被迫临时中断或永远终止，设备遭到损坏、财产遭受损失、人员健康发生伤害的行为。事故必须具备上述三要素。

259. 什么是铁路交通事故？

答：铁路交通事故是指铁路机车车辆在运行过程中发生冲突、脱轨、火灾、爆炸等影响铁路正常行车的事故，包括影响铁路正常行车的相关作业过程中发生的事故；或者铁路机车车辆在运行过程中与行人、机动车、非机动车、牲畜及其他障碍物相撞的事故。机车车辆运行是指机车车辆有目的的移动，既包括列车运行，也包括调车、排空、放单机等。在铁路实施政企分开后，《铁路交通事故调查处理规则》正在逐步转化为"铁路安全生产事故调查处理规章"，将覆盖铁路安全生产事故的全部内容，涵盖所有涉及铁路建设、施工、维修的安全生产事故，并明确建设、施工、维修的工程质量，实行终身负责制。

260. 事故处理"四不放过"原则的内容是什么？

答：发生事故后的"四不放过"处理原则具体内容是：

（1）事故原因未查清不放过。

（2）未制定切实可行的防范措施不放过。

（3）事故责任人和周围群众没有受到教育不放过。

（4）责任人员未受到处理不放过。

事故处理的"四不放过"原则是要求对安全生产事故必须进行严肃认真的调查处理，接受教训，防止同类事故重复发生。

261. 铁路应急预案分为哪些种类？其内容分别是什么？

答：铁路应急预案主要有：《铁路交通事故应急预案》《铁路

建设工程生产安全事故应急预案》《铁路防洪应急预案》《铁路地质灾害应急预案》《铁路地震应急预案》《铁路火灾事故应急预案》《铁路危险货物运输事故应急预案》《铁路网络与信息安全事件应急预案》《铁路突发公共卫生事件应急预案》等。

按铁路交通事故灾难的可控性、严重程度和影响范围，应急响应级别分为Ⅰ、Ⅱ、Ⅲ、Ⅳ级应急响应。事故发生后，事发单位应立即组织先期处置工作，并根据事故情况启动相应级别的应急响应。

262. Ⅰ级应急响应的内容是什么？如何响应？

答：（1）出现下列情况之一者为Ⅰ级应急响应（对应特别重大事故）：

① 造成 30 人以上死亡，或者危及 30 人以上生命安全，或者 100 人以上重伤。

② 直接经济损失超过 1 亿元。

③ 繁忙干线客运列车脱轨 18 辆以上并中断铁路行车 48 h 以上。

④ 繁忙干线货运列车脱轨 60 辆以上并中断铁路行车 48 h 以上。

⑤ 国务院决定需要启动Ⅰ级应急响应的其他铁路交通事故。

（2）Ⅰ级响应行动：

铁路总公司应急办接到铁路特别重大交通事故报告后，立即报告国务院应急办，由国务院应急办启动应急预案，铁路总公司应急领导小组配合国家处置铁路交通事故应急救援领导小组开展应急救援工作，具体应急响应行动执行《国家处置铁路交通事故应急预案》规定。

263. Ⅱ级应急响应的内容是什么？如何响应？

答：（1）出现下列情况之一者为Ⅱ级应急响应（对应重大事故）：

① 造成 10 人以上 30 人以下死亡，或者危及 10 人以上 30 人以下生命安全，或者 50 人以上 100 人以下重伤。

② 直接经济损失为 5 000 万元以上 1 亿元以下。

③ 客运列车脱轨 18 辆以上。

④ 货运列车脱轨 60 辆以上。

⑤ 客运列车脱轨 2 辆以上 18 辆以下，并中断繁忙干线铁路行车 24 h 以上或者中断其他线路铁路行车 48 h 以上。

⑥ 货运列车脱轨 6 辆以上 60 辆以下，并中断繁忙干线铁路行车 24 h 以上或者中断其他线路铁路行车 48 h 以上。

⑦ 铁路总公司决定需要启动Ⅱ级应急响应的其他铁路交通事故。

（2）Ⅱ级响应行动：

Ⅱ级应急响应由铁路总公司应急办负责启动，并向事故发生地省应急办通报。得到Ⅱ级应急响应信息后，铁路总公司应急办立即通知铁路总公司应急领导小组有关成员前往事故发生地点，并根据事故具体情况通知有关专家参加，根据专家的建议以及有关司局的意见，确定事故救援的支援和协调方案。同时，开通与事发地铁路运输企业应急救援指挥机构、事故现场救援指挥部、各应急协调组的应急通信系统，随时掌握事故进展情况。

铁路总公司应急领导小组根据事故情况设立行车指挥、事故救援、事故调查、医疗救护、后勤保障、善后处理、宣传报道、治安保卫等应急协调组和现场救援指挥部，分别由铁路总公司职能部门和其他相关司局及发生地铁路安全监督管理办公室、铁路运输企业的有关人员组成，积极协调事故现场救援指挥部提出的其他支援请求。超出本级应急救援处置能力时，及时报告国务院。

264. Ⅲ级应急响应的内容是什么？如何响应？

答：出现下列情况之一者为Ⅲ级应急响应（对应较大事故）：

① 造成 3 人以上 10 人以下死亡，或危及 3 人以上 10 人以下生命安全，或者 10 人以上 50 人以下重伤。

② 直接经济损失为 1 000 万元以上 5 000 万元以下。

③ 客运列车脱轨 2 辆以上 18 辆以下。

④ 货运列车脱轨 6 辆以上 60 辆以下。

⑤ 中断繁忙干线铁路行车 6 h 以上。

⑥ 中断其他线路铁路行车 10 h 以上。

Ⅲ级应急响应由铁路安全监督管理办公室、铁路运输企业（铁路局或集团公司）负责启动，响应程序、内容及形式在铁路安全监督管理办公室、铁路运输企业（铁路局或集团公司）铁路交通事故应急预案中具体规定。当超出本级处置能力时，及时向上级机关报告，请求支援。

265. Ⅳ级应急响应的内容是什么？如何响应？

答：造成 3 人以下死亡，或者 10 人以下重伤，或者 1 000 万元以下直接经济损失的，为Ⅳ级应急响应（对应一般 A 类事故）。

Ⅳ级应急响应由铁路安全监督管理办公室、铁路运输企业（铁路局或集团公司）负责启动或由铁路运输企业授权站段启动，响应程序、内容及形式在铁路安全监督管理办公室、铁路运输企业（铁路局或集团公司）铁路交通事故应急预案中具体规定。当超出本级处置能力时，应及时向上级机关报告，请求支援。

266. 普速铁路无缝线路胀轨跑道的防治和处理措施是什么？

答：（1）当线路连续出现碎弯并有胀轨迹象时，必须加强巡查或派专人监视，观测轨温和线路方向的变化。若碎弯继续扩大，应采取限速或封锁措施，进行紧急处理。线路稳定后，恢复正常行车。

（2）作业中如出现轨向、高低不良，起道、拨道省力，枕端道砟离缝等胀轨迹象时，必须停止作业，并及时采取防胀措施。

无论作业中或作业后，发现线路轨向不良时，用 10 m 弦测量两股钢轨的轨向偏差，当平均值达到 10 mm 时，必须设置慢行信号，并采取夯拍道床、填满枕盒道砟和堆高砟肩等措施；当两股钢轨的轨向偏差平均值达到 12 mm 时，必须立即设置停车信号防护，及时通知车站，并采取钢轨降温等紧急措施，消除故障后放行列车。

（3）发现胀轨跑道时必须立即拦停列车，尽快采取措施，恢复线路，首列放行列车速度不得超过 5 km/h，并派专人看守、整修线路，逐步提高行车速度。

发生胀轨跑道必须按规定进行运统-46 登、销记。

267. 高速铁路无缝线路线路胀轨跑道的处理措施是什么？

答：（1）调度通知或添乘检查发现明显晃车，疑似胀轨（迹象）时，设备管理（或施工作业单位）应立即按规定登记要点进网上道检查。当检查发现线路目视方向明显不良、扣件出现连续松动浮起、轨距块出现连续离缝、胶垫窜出等胀轨迹象时，应立即采取封锁或限速措施，安排抢险人员进行巡查和专人监视观测轨温及线路方向变化，对钢轨进行降温及复紧扣件；并认真调查现场情况（地点、轨温、是否影响邻线及邻线状态、是否有水源等）。若线路方向继续扩大，应封锁线路，进行紧急处理。如胀轨迹象消失，可登记本线限速 45 km/h（同时，邻线限速 160 km/h）放行列车，并派专人进行检查巡视，根据气温及设备状况阶梯提至 160 km/h。利用维修天窗切断钢轨对前后各 300 m 范围进行应力放散，达到设计锁定轨温范围，焊接恢复无缝线路。

（2）如果已发生胀轨故障或降温措施无效时应使用气割切断钢轨，松开胀轨地段前后不少于 150 m 范围线路扣件进行应力放散，插入不小于 6 m 带孔钢轨，限速 160 km/h 开通线路。利用天窗时间对前后各 300 m 范围进行应力放散，插入不小于 20 m 同型号钢轨焊接恢复无缝线路。

（3）在养护检修及施工作业中，一旦发现轨向、高低不良等情况，必须停止作业，及时采取防胀措施。无论作业中或作业后，发现线路轨向不良等胀轨迹象时，必须立即登记运统-46 停用设备封锁线路，采取钢轨降温等紧急措施，迅速组织人员抢修，消除故障后方可放行列车。

268. 普速铁路线路钢轨（焊缝）折断如何处理？

答：线路钢轨（焊缝）折断时，首先应按《铁路工务安全规则》、《电气化铁路有关人员电气安全规则》相关规定设置停车信号防护，然后根据现场情况采取相关处理措施。

（1）紧急处理——当钢轨断缝不大于 50 mm 时，应立即进行紧急处理。在断缝处上好夹板或臌包夹板，用急救器固定，在断缝前后各 50 m 拧紧扣件，并派人看守，限速 5 km/h 放行列车。如断缝小于 30 mm 时，放行列车速度为 15～25 km/h。有条件时应在原位焊复，否则应在轨端钻孔，上好夹板或臌包夹板，拧紧接头螺栓，然后可适当提高行车速度。

（2）临时处理——钢轨折损严重或断缝大于 50 mm，以及紧急处理后，不能立即焊接修复时，应封锁线路，切除伤损部分，两锯口间插入长度不短于 6 m 的同型钢轨，轨端钻孔，上接头夹板，用 10.9 级螺栓拧紧。在短轨前后各 50 m 范围内拧紧扣件后，按正常速度放行列车，但不得大于 160 km/h。

临时处理或紧急处理时，应先在断缝两侧轨头非工作边做出标记，标记间距离约为 8 m，并准确丈量两标记间的距离和轨头非工作边一侧的断缝值，做好记录。

（3）永久处理——对紧急处理或临时处理的处所，应及时插入短轨进行焊复，恢复无缝线路轨道结构。在线路上焊接时气温不应低于 0℃。放行列车时，焊缝温度应低于 300℃。

全区间或跨区间无缝线路，因钢轨重伤、折断进行永久处理时，应严格执行相关规定，确保修复后锁定轨温不变。

269. 高速铁路线路钢轨折断如何处理？

答：高速铁路发生钢轨折断时，系统自行启动封锁程序。设备管理单位应立即封锁本线线路，邻线限速不超过 160 km/h，根据现场情况分别进行紧急处理、临时处理或永久处理。

（1）紧急处理——当钢轨断缝不大于 30 mm 时，可在断缝处上夹板或膙包夹板，用急救器加固；或采用无损加固装置进行临时加固，拧紧断缝前后各 50 m 范围内扣件，适时安排看守，按照不超过 45 km/h 速度放行列车；网内有人时，邻线限速不超过 160 km/h。

紧急处理后，应在断缝两侧轨头非工作边做出标记（标记间距一般为 26 m），并准确测量两标记间距离和轨头非工作边一侧断缝值，做好记录。

（2）临时处理——当钢轨折损严重、断缝超过 30 mm 或紧急处理后不能及时进行永久处理时，应切除伤损部分，在两锯口间插入长度不短于 6 m 的同型钢轨，轨端钻孔，安装接头夹板，用 10.9 级螺栓拧紧，拧紧短轨前后各 50 m 范围内的扣件，按不超过 160 km/h 速度放行列车。

临时处理前，应在断缝两侧轨头非工作边做出标记（标记间距一般为 26 m），并准确丈量两标记间距离和轨头非工作边一侧断缝值，做好记录。

（3）永久处理——紧急处理或临时处理处所，宜于当日天窗内利用原位焊复或插入短轨焊复处理。进行焊复处理时，应保持无缝线路锁定轨温不变。作业轨温宜低于实际锁定轨温 0°C～20°C。当采用插入短轨焊复时，短轨长度不得小于 20 m。钢轨焊接应按照《钢轨焊接》（TB/T1632）执行，钢轨焊接后应测量原标记间距离，计算焊接作业范围内锁定轨温，并对焊缝进行探伤检查。

270. 胶接绝缘接头拉开离缝时应如何处理？

答：胶接绝缘接头发生拉开离缝时，应立即复紧胶接绝缘接头两端各 50 m 范围内线路扣件，更换为普通绝缘进行临时处理，限速 160 km/h 开通线路。临时处理的绝缘接头应在维修天窗内重新胶结进行永久处理。永久处理时，应严格掌握轨温和预留焊缝，保证修复后无缝线路锁定轨温不变。

第十六章　限界与铁路线路安全保护区

271. 什么是铁路限界？

答：铁路限界是为了确保机车车辆在铁路线路上运行的安全，防止机车车辆撞击邻近线路的建筑物和设备，而对机车车辆和接近线路的建筑物、设备所规定的不允许超越的轮廓尺寸线。铁路基本限界包括建筑接近限界和机车车辆限界。我国现行铁路限界是标准轨距铁路限界。

272. 什么是建筑接近限界？

答：建筑接近限界就是每一条线路必须保有的最小空间的横断面，即铁路站场和沿线各种建筑物、设备不得侵入的极限轮廓线。它是一个和线路中心线垂直的横断面，规定了保证机车车辆安全通行所需要的横断面的最小尺寸。凡靠近铁路线路的建筑物及设备，其任何部分（和机车车辆有相互作用的除外）都不得侵入此限界之内。

273. 什么是机车车辆限界？

答：机车车辆限界是机车车辆横断面的最大极限。具体来说，就是当机车车辆停留在平直铁道上，车体的纵向中心线和线路的纵向中心线重合时，其任何部分不得超出规定的极限轮廓线。

274. 如何正确看待机车车辆限界和建筑接近限界的关系？

答：将机车车辆限界和建筑接近限界的中心线重叠在一起时，其间有一环形空间，称之为裕留空间或安全空间。裕留空间是考虑到机车车辆在运行中的振动偏移和线路偏移以及其他因素而设的，从机车车辆运行安全来看，裕留空间愈大愈好。但是，增大裕留空间需扩大建筑接近限界，需要修建净空更大的隧道、桥梁等建筑物，必然会大幅度地增加铁路建设投资。缩小机车车辆限界从而相应缩小建筑接近限界能减少基建方面的投入，但要付出缩小机车车辆的外形尺寸后，降低铁路运输能力、影响旅客乘坐舒适性的代价。因此，如何在确保安全又有较好经济效益之间选择一个裕留空间的最佳值，是各国铁路工作者孜孜以求的目标。

275. 铁路建筑限界及机车车辆限界有什么要求？

答：一切建筑物、设备，在任何情况下均不得侵入铁路建筑限界。与机车车辆有直接互相作用的设备，在使用中不得超过规定的侵入范围。在设计建筑物或设备时，距钢轨顶面的距离应附加钢轨顶面标高可能的变动量（路基沉落、加厚道床、更换重轨等）。靠近铁路线路修建各种建筑物及电线路时，须经铁路局（集团公司）批准。

机车车辆无论空、重状态，均不得超出机车车辆限界。

276. 什么是铁路线路安全保护区？

答：铁路线路安全保护区是指为防止外来因素对铁路运行的干扰，减少铁路运输安全隐患，在铁路两侧一定范围内对影响铁路运输安全行为进行限制而设置的特定区域。铁路线路安全保护区不涉及土地权属问题，在此区域内，禁止从事危及铁路运输安全的行为，但并不改变土地的权属关系。

铁路线路安全保护区的范围是从铁路线路路堤坡脚、路堑坡顶或铁路桥梁（含铁路、道路两用桥）外侧起向外的距离，分别为：

（1）城市市区高速铁路为 10 m，其他铁路为 8 m。

（2）城市郊区居民居住区高速铁路为 12 m，其他铁路为 10 m。

（3）村镇居民居住区高速铁路为 15 m，其他铁路为 12 m。

（4）其他地区高速铁路为 20 m，其他铁路为 15 m。

277. 在铁路线路安全保护区内禁止哪些行为？

答：禁止在铁路线路安全保护区内烧荒、放养牲畜、种植影响铁路线路安全和行车瞭望的树木等植物；禁止向铁路线路安全保护区排污、倾倒垃圾以及其他危害铁路安全的物质。

278. 对跨越铁路线路、站场或者在邻近营业线的铁路线路安全保护区内的施工有什么限制？

答：对跨越铁路线路、站场或者在邻近营业线的铁路线路安全保护区内的施工要求为：

（1）明确限制的范围：跨越铁路线路、站场或者在铁路线路安全保护区内施工。

（2）明确限制的施工种类：主要是指跨越、穿越铁路线路、站场，架设、铺设桥梁、人行过道、管道、渡槽和电力线路、通信线路、油气管线等设施，或者在铁路线路安全保护区内架设、铺设人行过道、管道、渡槽和电力线路、通信线路、油气管线等设施的施工（包括铁路工程和铁路配套工程）。

（3）明确限制的条件：以涉及铁路运输安全为前提。

（4）明确限制的规定：必须遵守国家规定。

（5）明确限制的要求：建设单位必须与铁路运输企业进行协商。即工程项目设计、施工作业方案应当通报铁路运输企业，签订施工安全协议。铁路运输企业应当派员对施工现场实行安全监督。

铁路线路安全保护区内已铺设的油气管线，及邻近电气化铁路铺设的通信线路，存在安全隐患的，应当采取必要的安全防护措施。

279. 对邻近营业线的施工，在保护电气化铁路设施安全方面有哪些规定？

答：禁止任何单位或者个人实施下列危害电气化铁路设施的行为：

（1）向电气化铁路接触网抛掷物品。

（2）在铁路电力线路导线两侧各 500 m 的范围内升放风筝、气球等低空漂浮物体。

（3）攀登铁路电力线路杆塔或者在杆塔上架设、安装其他设施设备。

（4）在铁路电力线路杆塔、拉线周围 20 m 范围内取土、打桩、钻探或者倾倒有害化学物品。

（5）碰触电气化铁路接触网。

280. 对从事采矿、采石及爆破有什么限制？

答：在铁路线路两侧从事采矿、采石或者爆破作业，应当遵守有关采矿和民用爆破的法律法规，符合国家标准、行业标准和铁路安全保护要求。

在铁路线路路堤坡脚、路堑坡顶、铁路桥梁外侧起向外各 1 000 m 范围内，以及在铁路隧道上方中心线两侧各 1 000 m 范围内，确需从事露天采矿、采石或者爆破作业的，必须同时满足以下三个条件，且三者缺一不可：

（1）应当与铁路运输企业（铁路局或集团公司）协商一致后进行。

（2）依照有关法律法规的规定报县级以上地方人民政府有关部门批准。

（3）必须采取必要的安全措施。

281. 对自轮运转车辆驾驶员有什么要求？

答：自轮运转车辆驾驶员必须通过国务院铁路主管部门的资格考试，取得相关资格证书才能上岗。

282. 对邻近营业线施工在保护铁路通信信号设施方面有哪些规定？

答：任何单位或者个人不得实施下列危及铁路通信、信号设施安全的行为：

（1）在埋有地下光（电）缆设施的地面上方进行钻探，堆放重物、垃圾，焚烧物品，倾倒腐蚀性物质。

（2）在地下光（电）缆两侧各 1 m 的范围内建造、搭建建筑物、构筑物等设施。

（3）在地下光（电）缆两侧各 1 m 的范围内挖砂、取土。

（4）在过河光（电）缆标志两侧各 100 m 内挖砂、抛锚或者进行其他危及光（电）缆安全的作业。

第十七章　近年典型施工事故案例

【案例 1】

2009 年 7 月 29 日 19 时 0 分，中铁××局在未经××铁路局审批的情况下，擅自在××局××线××—××间 K71+840 处上行线外侧开挖基坑施工，造成××线上行 K71+840—855 处 15 m 范围内线路下沉 30 mm、方向 17 mm，经抢修于 8 月 1 日 10 时 5 分恢复正常，构成铁路交通一般 C 类事故。事故原因是施工单位在未经铁路局审查和工务段批准的情况下，擅自在夜间进行开挖基坑施工，导致线路下沉。事故定中铁××局主要责任，××铁路局建设管理处、工务处重要责任，追究××院、铁道部××高速铁路建设总指挥部××指挥部主要责任。

【案例 2】

2010 年 3 月 11 日 6 时 20 分，中铁×局××客专工程指挥部架子一队在××线××—××间 K203+600 处进行承台基坑开挖施工。7 时，当深度约 5.6 m 时，发现局部有涌水现象，施工单位立即停止开挖并开始回填基坑，但涌水现象进一步发展。现场监督的××工务段监护员发现路基边坡护坡片石有裂损，下行线 K203+600 处线路发生明显变化，8 时 05 分轨面变化逐渐加剧，影响范围继续扩大。期间，L483 次列车于 7 时 26 分、K527 次列车于 7 时 33 分通过该段线路时，司机分别反映在 K204+925 处桥涵附近列车明显晃动。列车调度员布置××东站扣停 K8387 次列车。经调查发现产生问题的直接原因是基坑为 7.3 m 的 80 号深基坑侵入河道、在可液化的粉砂土等特殊的地质条件下，采用 15 米拉森钢板桩支护，长度未达到不透水的黏土层，基坑四周未采取其他止水措施，基坑中土体也未进行注浆固化处理，支护方案存在缺陷。同时，暴露出施工安全管理方面的系列问题：

（1）施工单位中铁×局××客专工程指挥部违反营业线施工有关规定，提报的施工方案资料与现场实际不相符，缺少地质详勘资料和基坑侵入河道等重要信息，所采取的施工支护措施失效。

（2）监理单位××监理公司××客专监理总站对施工方案审查不严，没有按规定对施工方案中的数据进行认真核对，审查中没有发现施工单位遗漏了墩台基坑侵入河道的重要信息，不认真履行方案审查的基本职责，方案审查走过场，在承台基坑深度出现重大变更时，失职失控。

（3）项目管理机构××客专公司对营业线施工方案管理不到位，对施工方案预审把关不严，在 80 号承台基坑深度发生重大变更时，没有组织重新研究审查方案，也未提报路局重新审批，暴露出项目管理机构对营业线施工重视不够，对施工、监理单位管理不严，监管不力。

（4）施工方案存在一定的缺陷，根据事后调查的地质资料，采用 15 米拉森钢板桩支护，长度未达到不透水的黏土层，施工时存在一定的风险，方案中对基坑出现涌水、涌砂的问题，只简单提到"必须立即回填，再研究处理方案"，没有其他具体措施。

【案例 3】

2011 年 5 月 9 日 10 时 23 分，××铁路局管内××线××隧道 K655+314 处，因××工程局将应安装在隧道洞室内的照明开关控制箱擅自安装在隧道边墙上，造成控制箱开关门在列车通过时负压作用下损坏脱落，并卷入运行至此的 D×× 次动车组车底，造成该动车组 5、6、7 号车车底多处被击打变形刮伤，构成一般

C 类铁路交通事故。

【案例 4】

2011 年 5 月 18 日，××铁路局××线××站站台雨棚客服系统电缆槽盖板被大风和动车组高速通过时产生的强大气流吹落并侵入限界，原因是没有明确的设计要求，××公司自己决定施工方案，造成施工质量不高，固定强度不足，打坏动车组车底板，构成一般 C 类铁路交通事故。

【案例 5】

2011 年 9 月 24 日 0 时 19 分，在××线××站 71 号道岔处，××铁路局××电务段 3 名职工在天窗点前现场防护员未到场、封锁施工调度命令未下达的情况下，进行道岔脱杆捣固施工准备作业，被上行 II 道通过的 D××次列车碰撞，造成 2 人死亡、1 人重伤，构成铁路交通一般 A 类事故。事故主要原因是：

一是××电务段制定的《2011 年第二阶段集中修施工组织方案》严重违反铁道部和××铁路局施工安全管理有关规定，方案允许车间在天窗点外拆除转辙机防护罩、去掉道岔开口销等作业，安全技术方案出现严重错误。

二是该电务段制订的方案已于 9 月 16 日第二阶段集中修开始前上报××铁路局电务处，但电务处没有认真审核并纠正严重违反规定的方案问题，专业安全管理失控。

三是发生事故时，××处、段、车间 3 名干部到场盯控，但没能盯住施工现场防护关键，在施工现场防护员没有到位的情况下，放任作业人员上道作业，现场安全管理人员出现严重失职。

四是车间安排作业人员乘坐汽车先到现场，而安排防护员步行后到施工现场，致使现场安全防护出现明显空档。

五是三名作业人员在没有防护员的情况下，不但没有在列车通过前停止作业提前下道，而且在 0 时 19 分下行列车与上行列车交会通过时，未能及时发现本线 II 道开过来的 D××次列车，最终被列车撞上，职工自我防护意识严重缺失。

【案例 6】

2012 年 4 月 25 日 19 时 46 分，D××次司机反映××高铁下行 K1008+800 处晃车，后续 D××次列车在下行 K1007+800 至 K1009+800 限速 120 km/h 运行仍反映晃车，调度员扣停后续列车。20 时 53 分封锁线路，工务上道检查，21 时 36 分恢复正常。当日夜间天窗点内工务使用轨道测量仪再次检查，发现下行 K1007+667 处 70 m 范围内线路横向最大偏移 25.4 mm，使用 20 m 弦线检查发现上下行 K1007+667 处均存在 9 mm 的方向，轨道结构状态良好。经调查分析，主要原因为该区段位于××高铁×× 大桥南引桥 19#墩前后，与在建的××地铁 12 号线并行。2012 年 4 月 24 至 25 日，××地铁 12 号线施工单位未与铁路部门协商，未征得铁路局同意的情况下，违反《铁路运输安全保护条例》在 19#墩附近施做双排 12 根高压旋喷桩，旋喷桩距承台边沿最近仅 0.7 m；19#墩体有退堤工程施工单位××建设集团弃置的堆土，堆土厚约 1.5～2 m，约 5～6 m³。在高压旋喷压力和堆土压力作用下，桩身挠曲变形引起该桥南引桥 19#墩墩身变位。该问题同时暴露出某些部门对邻近高铁线路施工监管不力，应急处理不到位等问题。

【案例 7】

2012 年 12 月 14 日，××建设局下属拆迁公司在未通知铁路有关部门、无施工安全措施、未纳入计划情况下，擅自对距××上行线 K1191+920 处线路约 8 m 的一座四层楼房进行拆除，施工中墙体倒塌，将线路防护围墙砸塌 25 m，接触网正馈线砸伤并接地，导致××供 37 单元跳闸，造成大面积停电，构成铁路交通一般 C 类事故。××建设局负全部责任，同时，列××桥工段、××供电段重要责任。

【案例 8】

2012 年 12 月 18 日 17 时 04 分，××铁路局××站站改施工中，因对影响营业线设备正常使用的天窗作业项目未进行明确，中铁×局擅自在点外安装 15#～21#道岔未开通曲股的夹板，造成 15～21DG 轨道电路红光带，构成铁路交通一般 C 类事故，列××枢纽指挥部主要责任，列××铁路局施工办、中铁××局重要责任。同时，追究××铁路局建管处、电务处、××电务段、××监理公司重要责任。

【案例 9】

2012 年 12 月 29 日，K××次列车运行至××铁路局管内××上行线 K125+848 处，因下行线接触网 L2 号接触网钢柱上部折弯，接触网腕臂及吊柱侵入上行线限界并与通过列车发生刮蹭，构成铁路交通一般 C 类事故，××供电段作为施工主体，负主要责任，中断安全成绩，××铁道建设工程监理有限公司负事故重要责任。

造成此次事故的直接原因是接触网钢柱强度不足，在双线路腕臂、吊柱以及接触网重力共同作用下，使双线路腕臂与钢柱安装处的钢柱的主角钢变形，加之事发时有 7 级大风，造成接触网双线路腕臂吊柱处的定位装置向线路侧倾斜折弯并侵入上行限界，与担当该次列车乘务的机车发生打碰。该起事故暴露出施工单位安全管理上的诸多问题：

一是技术管理松弛。当接触网的设计与现场条件不一致时，施工单位没有积极向设计单位反映问题，及时消除隐患，也没有对设备受力发生的变化没有引起重视，未对支柱受力进行效验把关。

二是施工管理粗放。施工单位在没有接到设计单位正式的双线路腕臂安装图的情况下，仅通过设计院提供的不完整版电子邮件，便组织多腕臂安装图施工，且双线路腕臂加长不当，在设计 6.5 m 双线路腕臂不能满足要求的情况下，主管工程师机械地依据图纸臆测施工，将腕臂变为 13 m，造成腕臂负荷超出设计规范。

三是安全意识淡漠。接触网施工中，主管工程技术人员随意变更腕臂长度，段相关人员没有审核把关；施工现场无接触网平面布置图即开始施工；原设计的修改文件没有按规定进行施工设计审查；设计缺少技术交底；工程监理不到位。

【案例 10】

2013 年 4 月 17 日 0 时 31 分，××铁路局××工务段在××线××站利用调机进行高边车卸石砟作业，机后第一位车辆中门刮断站内上行正线出发高柱信号机，影响上行侧线通过。构成一般 D 类铁路交通事故。主要原因是在卸砟转移作业点过程中，车辆中门未关闭，卸料作业过程控制不严，安全关键点未采取针对性预防措施。

【案例 11】

2013 年 6 月 9 日 16 时 37 分，××次货运列车运行至××铁路局管内××线 K28+200 处，因中铁××局邻近营业线施工的水泥搅拌桩钻机支架在转场吊装作业时侵限，被列车撞上停车，机车司机室严重受损，构成铁路交通一般 C 类事故。事故列中铁××局主要责任，追究××指挥部、××工务段、××工程监理公司同等主要责任。事故暴露出施工单位、建设单位、设备管理单位在安全管理、现场控制、检查监护等多方面问题：

一是施工作业现场过程控制不力。该项施工被列为××铁路局当月邻近营业线施工 B 类计划，但该工地自施工以来就没有设置过驻站联络员，没有执行列车通过时大型机械停止作业的规定，与紧邻的北环线也没有采取任何隔离警示措施。吊车司机当日将汽车吊开进现场，从 13 点左右至事故发生，作业长达 3 h，现场没有任何人员发现和制止，施工现场安全关键卡控严重不到位。

二是施工组织方案严重漏项。邻近营业线转移钻机作业是一项可能危及行车安全的高危险性施工，而在施工组织方案中，没有钻机转移的具体方案、安全控制措施以及机械倾倒侵限的应急处理预案。现场大型施工机械既没有相关租赁手续，也没有检查和监控，重大安全风险源防控不到位。

三是建设管理单位履责不力。××指挥部自 4 月份施工开始以来，一直没有对该施工地段进行过检查，对中铁××局存在的施工安全管理混乱、违规使用大型施工机械、施工人员安全培训不到位等大量隐患，长期没有检查发现，放任自流。

四是安全监管存在漏洞。虽然监护单位××工务段前期对施工单位进行过停工和罚款等措施，但存在监护人员培训不到位、监管重点不明确等问题，对于邻近营业线施工长达 3 min 左右的转移钻机违规作业视而不见，没有及时发现和制止。

五是施工监理不到位。施工监理单位底数不清、监理不到位，对施工方案审查不认真，对存在疏漏的施工方案和安全措施盲目签字同意。监理人员事故当日未到现场巡视检查，事故发生后，直至次日仍不清楚被撞的钻机资质、编号等情况。

【案例 12】

2013 年 6 月 21 日 13 时 26 分，××铁路局××线 K××次客车通过 K6+150 处隧道时，与防洪施工用柔性网相刮碰，造成机后 4 位车辆缓解阀连通管折断，构成铁路交通一般 C 类事故。施工单位××工程有限公司、建设单位××铁路有限公司、设备管理单位××工务段负事故同等主要责任，同时追究××铁路局工务处重要责任。事故的主要问题为：

一是施工单位进点开工未通知项目管理单位，在无施工天窗、未设防护的情况下，违规穿越隧道搬运防洪施工材料柔性网，并在避车时将其摆放在隧道左侧衬砌边墙上，导致柔性网滑动侵限。

二是项目管理单位以包代管，对施工单位未办理设计、无施工方案、无安全措施、无开工报告、无邻近营业线施工监督计划等情况不闻不问，对违章施工和施工作业人员未培训情况失管失察。

三是设备管理单位对委外施工安全中存在的问题"干惯了、看惯了"，没有认真履行安全职责，在不清楚施工方案是否审定、施工队伍是否具备资质和未提报监督计划的情况下，违规签订施工安全协议，对违章施工放任不管，对现场蛮干不制止，现场监护员形同虚设。

【案例 13】

2013 年 7 月 5 日 17 时 30 分，中铁×局××二线×标项目部一分部安全总监、××工务段安全监督检查员例行安全巡视检查时，发现××线 K445+345 桥涵台背下路基冲空 7 孔，立即通知驻站人员封锁区间。18 时 10 分左右，××车站值班员及时联控××次司机，将该次列车拦停在 K446+292 处，并组织退行到站内。经××工务段、中铁×局全力抢修于 20 时 37 分开通区间并限速 25 km/h 放行列车，构成铁路交通一般 D9 类事故，列中铁×

局×公司主要责任，××工务段同等主要责任。事故原因为：

（1）施工单位中铁×局××二线×标项目部一分部在 K445+345 小桥挖孔桩施工中存在诸多问题。一是简化施工程序，未按设计要求进行 D24 m 便梁施工，导致路基塌方后轨道框架强度降低，给行车安全埋下隐患。二是擅自改变施工设计，减小防护桩桩径，导致防护桩间距有 200 mm 间隙，造成椎体中砂流出。三是安全隐患意识不强，在 7 月 3 日开始开挖框架桥基坑施工后，该桥××南侧已发生过流砂现象，当时施工单位采取了堆码编织袋防护的相应措施，堵塞了砂体的临空面，但对××相同的桥台结构、相同的中砂填料没有引起高度重视，没有对桥梁锥体内部土体结构进行查看，也没有采取防护措施，导致锥内中砂填料沿流动面迅速倾泻到基坑（距基坑落差达 5 米及以上），台背内石砟拱突然失衡，在台背断面内整体塌空引发线路塌方，是造成该起事故的主要原因。

（2）设备管理单位××工务段营业线施工和邻近营业线施工安全监督不到位。现场安全监督检查员巡视检查不认真，责任心不强，对桥梁台背、护锥流出中砂对既有线路基的影响认识不到位，没有履行安全监督检查员的岗位职责，没有真正发挥安全监督检查作用。尤其是在开挖桥墩基坑施工过程中曾发现防护桩在桩与桩 200 mm 间隙中有少量流沙现象时，没有提出防护意见，没有督促施工单位采取有效防护措施，是造成该起事故又一主要原因。

【案例 14】

2012 年 7 月 14 日，××铁路局××工务段××工区在未要点的情况下，利用列车间隔，擅自将 4 个旧的施必牢螺栓全部拆下，准备更换，在 K×× 次列车运行的振动作用下，2 号辙岔后接头内侧鱼尾板松动上翘侵限，碰撞，车辆走行 3.7 m 后脱轨。事故列定××工务段全部责任。

【案例 15】

2013 年 9 月 16 日 20 时，××铁路局××工务段××线路工区，按照计划在××线××—××区间进行点外复拧扣件作业。17 日 1 时 51 分，××次货物列车运行至××隧道内，将坐在钢轨上负责联络防护的线路工撞倒，伤者送医院抢救无效死亡。构成一般 B 类事故。事故主要原因是：

（1）现场防护员违规坐卧钢轨，安全意识差；同时现场防护员与驻站联络员在事发前有 11 分 16 秒中断联络，违反《铁路工务安全规则》第 2.2.15 条"驻站联络员与现场防护员应至少每 3～5 min 联系一次"的规定，导致互控缺失。

（2）利用列车间隔的作业放在了夜间、放在了图定天窗之外。

（3）车间和班组设置不合理，同一个工区既管动车线又管普速线，天窗利用及作业组织很难协调。

【案例 16】

2013 年 9 月 27 日，××工务机械段捣固车在××线作业时因线路清筛后几何尺寸严重超限而脱轨，构成一般 D 类事故。但在事故抢险过程中，因脱轨后汇报（处理）不及时，导致开通延时 139 min，由一般 D 类事故升级为一般 B 类事故。

【案例 17】

2013 年 10 月 7 日 10 时 25 分，中铁××局在××铁路局××

线下行 K401+660 线路外侧 10.5 m 处，使用挖掘机清理弃土时将区间 ZPW2000 移频自动闭塞设备使用的 2 根 6 芯信号光缆挖断，造成××—××间下行线 3983BG、3983AG，上行线 3962G 红光带，构成铁路交通一般 D9 事故。定中铁××局全部责任，追究××通信段重要责任，追究××电务段次要责任。

【案例 18】

2013 年 10 月 9 日 19 时 13 分，中铁××集团××客专建房工程项目部在××铁路局××线××站进行还建候车室平整场地施工时，挖掘机将埋设在临时候车室南侧 50 m 地下的××地区 5～6 号杆间供电电缆挖断，导致××—××间通过信号机灭灯，构成铁路交通一般 D9 事故。定中铁××集团××客专站房工程项目部主要责任，追究监理单位××中铁监理公司、建设管理单位××客专有限公司同等主要责任。

【案例 19】

2013 年 10 月 13 日 13 时 28 分，中铁××局第×工程有限公司××自闭项目电力分部在××铁路局××线××—××间 K209+350 处，使用挖掘机进行立电杆修正作业时将信号电缆挖断，造成××—××间上行 2120-2102-2088 通过信号机间、下行线 2091-2105-2121 通过信号机间轨道电路红光带，构成铁路交通一般 D9 事故。定中铁电气化××局集团第×工程有限公司主要责任，追究监理单位××铁研监理公司、建设管理单位××铁路局工程管理所同等主要责任，追究××电务段重要责任。

【案例 20】

2013 年 10 月 11 日，××铁路局由于错误修改 LKJ 基础数据，将本应在 12 月 31 日施工完成后才应该启用的××线××站 7 道数据，提前公布并于 10 月 11 日 0 时启用，造成将限速 45 km/h 区段列车允许速度值改为 110 km/h，导致 Z××次客车以 105 km/h 的速度超速进入限速 45 km/h 地段，构成铁路交通一般 C 类事故。由于行车组织指挥部门错误办理客车进路，导致后续的 9 趟客车非固定股道通过，再次构成铁路交通一般 C 类事故。事故的主要原因是：

（1）施工、建设单位违规提报。2013 年 12 月 31 日才使用的数据，总工室错误提前至 2013 年 10 月份发布，违反了线路基础数据同现场一致的原则。月度施工计划调整了原定方案，实际发布的 10 月份施工计划安排 10 月 11 日 0 点开通 9、10、11 道，11 日 10 点 30 分才封锁 7 道，"开 9 封 7"相差十个半小时，造成了××下行线在××站有 9 道和 7 道两条正线在使用。同时反映出××铁路局 LKJ 数据修改、审查的一系列会议都走了过场，相关部门均未对基础数据中限速要求等关键进行核对、研究。

（2）调度员违章指挥运行。按照××铁路局公布 LKJ 基础数据和数据换装电报要求，10 月 11 日 0 点开通××站 9、10、11 道，且总工室电报指定"9 道为××线临时代正线"，车站值班员、列车调度员置《技规》、《行规》、《站细》等规章制度于一边，继续违章使用 7 道接发通过的旅客列车。

（3）车站值班员违章办理接发列车。Z××次客车进入 7 道后发现晃车，马上减速。车站值班员已知情况下不向列车调度员报告，擅自指挥后续 9 趟客车仍然在错误线路数据的情况下通过 7 道进入区间。

（4）LKJ 基础数据管理制度不落实。

一是 LKJ 基础数据换装工作的领导负责制度不落实。原铁道部下发的《规范 LKJ 数据换装电报、运行揭示调度命令发布的规定》（铁运〔2009〕137 号）文件中规定，LKJ 数据换装铁路局必须确定一名局领导组织召开总工程师室、运输处、机务处、电务处、车辆处、工务处和调度所等部门参加的专题会议，但这次换装数据，分管副局长没有按规定组织召开 LKJ 数据换装协调会，也没有听取协调会的情况汇报，没有对 10 月 11 日的数据换装工作提出具体要求。

二是错误提供 LKJ 基础数据。按照"××站客运设施改造工程第三步过渡施工方案"，10 月 11 日 0 点开始开通 9 道，××下行线绕行 9 道，封锁该站 7 道进行站场改造施工，至 12 月 31 日施工结束后，恢复 7 道原××下行正线技术条件，线路允许速度 110 km/h。铁路局建设部门组织施工单位按照施工方案编制了 LKJ 基础数据，于 9 月 6 日提供给相关部门和单位，数据不仅包括 10 月 11 日开通 9、10、11 道的数据，而且将 12 月 31 日施工完成后 7 道恢复 110 km/h 线路允许速度的数据一并提供，但没有说明 7 道数据在 12 月 31 日第三步施工结束后才启用，造成 7 道的数据被提前启用。

三是 LKJ 基础数据提报审核程序不落实、不认真。施工单位提供的 LKJ 基础数据报审表中编制日期为 9 月 5 日，项目监理单位及项目部审核日期为 9 月 6 日，建管处没有履行职责，没有审核签字，就提供给了设备管理单位。而××工务段上报××局工务处、工务处上报总工室的资料也显示为 9 月 5 日编制，违反××铁路局 LKJ 管理办法中 LKJ 数据需经建管处审核后再提交设备管理单位的规定。

四是错误发布 LKJ 数据。总工室在组织审核本次启用的新数据时，只是收集汇总相关基础数据，在公布 LKJ 基础数据的电报中，将计划 12 月 31 日使用 7 道 LKJ 基础数据提前发布。且总工室负责人错误认为总工室只是公布基础数据，具体生效时刻以路局发布的换装电报为准，错误认为"可以提前生效数据，LKJ 数据可以和现场设备不一致"。严重违反铁运〔2009〕98 号文件第27 条的规定。

五是错误理解、编辑、遗漏专业部门提供的 LKJ 数据。总工室本次公布的 LKJ 基础数据，将工务处提供的"××下行列车改经 9 道运行，不再经由 6 道"（注：前期工程过渡，已将 6 道作为发生事故时的 7 道使用），编辑为"站内 9 道临时代京九正线"，遗漏"不再经由 6 道"内容，与专业部门提供的数据含义不符，而且未对变化的内容进行清晰、完全的表述，造成运输部门的错误理解，致使运输部门在数据启用后使用 7 道接发列车。

（5）施工管理和运输组织制度严重不落实。

一是擅自改变施工方案。施工单位向建管处提报的 10 月份施工计划申请，计划 10 月 11 日 0 点开通 9、10、11 道，启用新版 LKJ 数据；计划 10 月 11 日 10：10 至 12 月 31 日 24：00，封锁 7 道。××局下达的 10 月份施工计划中，10 月 11 日 0 时开通 9 道，11 日 10 点 30 分封锁 7 道。此计划与××站客运设施改造工程第三步过渡施工方案中确定的 10 月 11 日施工在开通 9 道时同步封锁 7 道、××下行线列车经 9 道运行的方案不符，9 道开通和 7 道封锁没有同步进行，而是存在十个半小时的时间差。在这十个半小时内，××站 9 道和 7 道同时处在开通状态。建设部门在施工方案变动后，没有向相关部门和单位发出"LKJ 基础数据变动通知书"，修改 LKJ 基础数据，造成了启用的 7 道 LKJ 基础数据与现场设备不一致。

二是施工方案变动后没有组织修改数据和阻止 LKJ 数据启用。总工室派人参加了建管处组织的 10 月份施工方案审查会和运输处组织的 10 月份施工计划方案审查会，对运输处发布的《××铁路局关于下达 2013 年 10 月份施工计划的通知》（×铁运函〔2013〕405 号）进行了会签，也收到了文件，但没有对施工计划中 10 月 11 日 0：00 起 9、10、11 道启用新 LKJ 基础数据，与 10 月 11 日 10：30 起封锁 7 道不同步的问题提出异议，对因方案变动引起 LKJ 数据变化的情况，没有组织进行处理，导致 LKJ 数据与设备现状不符。

三是××铁路局调度所对换装工作要求不落实。调度所参加铁路局协调会的管理人员没有掌握会议主要内容，错误认为此次数据换装不涉及 7 道，制定的换装注意事项，仅明确对 9 道数据进行换装。10 月 9 日调度所召开内部协调会，也仅明确对 9 道数据进行换装，没有明确 7 道数据变化，也没有安排换装施工盯控人员。

（6）应急处置严重违反规定。

××站车站值班员在得知 Z××列车超速通过 7 道后，并且了解到后续列车的 LKJ 基础数据与实际限速不符情况下，没有按规定及时向列车调度员报告，也没有将后续列车调整至 9 道运行，仅仅以车机联控的方式通知司机限速运行，仍然擅自办理 7 道进路，使后续列车在不受限速控制的条件下，继续经由 7 道运行。严重违反《技规》第 181 条、《调规》第 57 条以及××局《列车运行监控装置（LKJ）运用维护管理办法》的规定，严重违章。

附件 1

繁忙干线及干线名称

一、繁忙干线

繁忙干线是指京哈、京沪、京广、京九、陇海（徐州—兰州北）、沪昆（上海—株洲）、津山、沈山、大秦、石太、侯月、新焦、焦柳（焦作—襄阳北）、新菏、兖菏、兰新（兰州北—乌西）线。

二、干　线

滨洲、滨北（哈尔滨—绥化）、齐北（齐齐哈尔—富裕）、绥佳、牡佳（牡丹江—勃利）、滨绥、长图、沈吉、沈大、沈丹、平齐、长白、通让、大郑、丰沙大、集包、京通、京承、京原、京包、石德、北同蒲、南同蒲、集通、包兰、胶济、蓝烟、兖石、胶新、陇海（徐州—连云港）、阜淮、淮南、宁芜、皖赣、宣杭、萧甬、鹰厦、峰福、太焦、焦柳（襄阳北—柳州）、孟宝、宁西、汉丹、武九、侯西、宝中、宝成、西康、襄渝、阳安、沪昆（株洲—昆明）、湘桂、黔桂、黎湛、益湛、河茂、广茂、广深（广州—东莞）、南昆、渝怀、川黔、成昆、成渝、内六、达成、太中银、包西、张集、兰青、兰新（乌西—阿拉山口）、干武、南疆（吐鲁番—喀什）、青藏线。

附件 2

繁忙干线施工慢行区段划分

一、京沪线

北京—天津西、天津西—德州、德州（不含）—济南、济南—兖州、兖州—利国（不含）、利国—符离集*、符离集—蚌埠、蚌埠—南京、南京—常州、常州—上海。

二、京广线

北京西—保定、保定—石家庄、石家庄—邯郸、邯郸—安阳*（不含）、安阳—郑州、郑州—孟庙（不含）、孟庙—信阳、信阳—滠口、滠口—武昌南*、武昌南—蒲圻、蒲圻（不含）—岳阳*、岳阳—长沙、长沙—株洲*、株洲—衡阳、衡阳—郴州、郴州—韶关东、韶关东—广州。

三、京哈线

北京—唐山北、唐山北—山海关（不含）、山海关—沈阳北、沈阳北—四平、四平—长春、长春—兰棱（不含）、兰棱—哈尔滨*。

四、津山、沈山线

天津—唐山、唐山—山海关（不含）、山海关—锦州、锦州—沈阳。

五、京九线

北京西—霸州*、霸州—衡水、衡水—临清（不含）、临清—聊城*、聊城—梁堤头（不含）、梁堤头—王楼*、王楼—淮滨（不含）、淮滨—麻城、麻城—蔡山、蔡山（不含）—南昌、南昌—向塘[*]、向塘—吉安、吉安—赣州、赣州—定南、定南（不含）—龙川[*]、龙川—东莞东、东莞东—深圳[*]。

六、陇海线（徐州—兰州北）

徐州—虞城县、虞城县（不含）—商丘[*]、商丘—郑州、郑州—洛阳、洛阳—三门峡西、三门峡西—太要、太要（不含）—西安、西安—宝鸡、宝鸡—天水、天水—陇西、陇西—兰州北。

七、沪昆线（上海—株洲）

上海—杭州、杭州—金华、金华—新塘边、新塘边（不含）—鹰潭、鹰潭—向塘、向塘—新余、新余—萍乡、萍乡—株洲（不含）[*]。

八、兰新线（兰州北—乌西）

兰州北—打柴沟、打柴沟—武威南、武威南—张掖、张掖—嘉峪关、嘉峪关—安北、安北—哈密东、哈密东—柳树泉、柳树泉—吐鲁番、吐鲁番—乌西。

九、焦柳线（焦作—襄阳北）

焦作—洛阳北、洛阳北—平顶山西、平顶山西—南阳、南阳—襄阳北。

注：标明（[*]）的区段安排一处慢行。

附件3

营业线施工安全协议书

项目管理机构：	主管业务处：	局(集团公司)安监室：
签（章）： 年　月　日	签（章）： 年　月　日	签（章）： 年　月　日

甲方：（设备管理单位）

乙方：（施工单位）

为确保施工期间铁路交通安全和施工的正常进行，明确甲乙双方各自的责任、权利和义务，根据《铁路法》《合同法》和《铁路安全管理条例》及《××铁路局（集团公司）铁路营业线施工安全管理实施细则（办法）》的要求，经甲乙双方人员对乙方施工地段进行调查和共同协商，签订施工安全协议如下：

一、工程概况：

1. 施工项目：

2. 作业内容：

3. 施工地点：

4. 施工时间：

5. 影响范围：

二、施工责任地段：

三、施工期限：

四、双方所遵循的技术标准、规程和规范：

五、安全防范内容及措施：

六、双方责任与义务：

1. 乙方必须严格按照设计图纸和批准的施工范围进行施工，并将相关设计施工图纸及施工安全保证措施，报甲方一份。

2. 乙方在施工中，凡影响既有线行车设备正常使用的施工，应提前 3 天通知甲方。

3. 乙方必须加强对营业线施工的组织领导，按有关规定确定相应级别的领导、干部到现场指挥。乙方要严格按照《××铁路局（集团公司）铁路营业线施工安全管理实施细则（办法）》组织施工。施工期间乙方负责施工地段（包括影响范围内）的行车和设备安全。

4. 施工期间，甲方应派出专职经培训合格的安全监督检查员，进行全过程监督检查，发现施工安全隐患，要立即提出整改意见，乙方必须立即纠正。危及铁路交通安全时有权采取一切必要的果断措施，乙方应积极予以配合，否则造成事故应由乙方负责。

5. 乙方在施工中如造成既有线行车设备损伤的，应及时通知甲方，并及时进行抢修和维护，造成损失的要按规定和责任划分进行赔偿。若乙方请求甲方帮助时，甲方应积极予以支持、配合，确保铁路交通安全。

七、交验：乙方按设计施工完毕达到标准后，应及时组织验收，向甲方办理验收交接手续。

八、发生责任铁路交通事故，由局（集团公司）有关部门认定双方的责任程度承担相应的法律责任，并按照《××铁路局（集团公司）铁路营业线施工及安全管理实施细则（办法）》相关规定承担事故赔偿。

九、如果施工中涉及水利、电力、公路等其他方面时，应遵循相关法律法规规定。

十、按照有关文件规定计算安全配合费用：

1. 安全监督检查员费用_____元。

2. 施工配合费用按报铁路局（集团公司）施工考核办备案后的预算支付。

十一、本协议一式 6 份，双方各执 1 份，分别报上级主管部门核备 2 份，转施工工程队及施工所在地甲方车间各 1 份。未尽事宜由甲乙双方另行商定，作为本协议附件一并执行。

甲方代表：（签字）　　　　　　乙方代表：（签字）

（甲方公章）　　　　　　　　　（乙方公章）

甲方联系人：　　　　　　　　　乙方联系人：

联系电话：　　　　　　　　　　联系电话：

附件 4

邻近营业线施工安全协议书

项目管理机构：	主管业务处：	局(集团公司)安监室：
签（章）： 　　年　月　日	签（章）： 　　年　月　日	签（章）： 　　年　月　日

甲方：（监督单位）

乙方：（施工单位）

为确保施工期间铁路交通安全和施工的正常进行，明确甲乙双方各自的责任、权利和义务，根据《铁路法》《合同法》和《铁路运输安全保护条例》及《××铁路局（集团公司）铁路营业线施工安全管理实施细则》的要求，经甲乙双方人员对乙方施工地段进行调查和共同协商，签订施工安全协议如下：

一、工程概况：

1. 施工项目及等级：

2. 作业内容：

3. 施工地点：

4. 施工时间：

5. 影响范围：

二、施工责任地段：

三、施工期限：

四、双方所遵循的技术标准、规程和规范：

五、安全防范内容及措施：

六、双方责任与义务：

1. 乙方必须严格按照设计图纸、批准的施工范围和安全防护措施进行施工，并将邻近营业线批准的施工范围相关设计施工图纸及施工安全保证措施，报甲方一份。

2. 乙方在施工中，凡进入邻近营业线范围的施工，应提前 3 天通知甲方。

3. 乙方必须加强对邻近营业线施工的组织领导，按有关规定确定相应级别的领导到现场指挥。乙方要严格按照《××铁路局（集团公司）铁路营业线施工安全管理实施细则》组织施工。施工期间乙方对施工地段（包括影响范围内）的行车和设备安全负责。

4. 施工期间，甲方应派出专职经培训合格的安全监督检查员，进行巡视监督检查，发现影响铁路设备、设施安全隐患时，要立即提出整改意见，乙方必须立即纠正。

5. 施工中，甲方巡视检查发现乙方施工超出批准范围构成铁路营业线施工时，甲方有权立即停止乙方施工。乙方必须立即停止施工，并恢复原貌。乙方继续施工造成事故的由乙方负全部责任。乙方确需进行铁路营业线施工时，应按《××铁路局（集团公司）铁路营业线施工安全管理实施细则（办法）》规定，办理营业线施工相关手续，签订营业线施工安全协议后，方准施工。

6. 乙方在施工中如造成铁路营业线设备、设施损坏的，应立即通知甲方，并进行抢修和维护，造成损失的要按规定和责任划分进行赔偿。若乙方请求甲方帮助时，甲方应积极予以支持、配合，确保铁路交通安全。危及铁路交通安全时甲方有权采取一切必要的果断措施，乙方应无条件予以配合，否则造成事故应由乙方负全部责任。

七、交验：乙方按设计施工完毕达到标准后，应及时组织验收。在本协议范围内的验收，乙方必须通知甲方参加，验收合格后，与甲方办理确认手续。

八、发生责任铁路交通事故，由铁路安全监督管理办公室认定双方的责任程度承担相应的法律责任，并按照《××铁路局（集团公司）铁路营业线施工安全管理实施细则（办法）》相关规定承担事故赔偿。

九、如果施工中涉及水利、电力、公路、通信等其他方面时，应遵循相关法律法规规定。

十、按照有关文件规定计算安全配合费用：

1. 安全监督检查员费用_____元。

2. 施工配合费用按报铁路局施工考核办备案后的预算支付。

十一、本协议一式 6 份，双方各执 1 份，分别报上级主管部门核备 2 份，转施工工程队及施工所在地甲方车间（或车站、中间站）各 1 份。未尽事宜由甲乙双方另行商定，作为本协议附件一并执行。

甲方代表：（签字）　　　　　　乙方代表：（签字）

（甲方公章）　　　　　　　　　（乙方公章）

甲方联系人：　　　　　　　　　乙方联系人：

联系电话：　　　　　　　　　　联系电话：

年　月　日　　　　　　　　　　年　月　日.

附件5

营业线施工现场安全重点监控表

施工项目			施工地点		
施工日期			起止时间		
施工等级			施工单位		
设备管理 单位					
施工内容					
单位及部门	单位及职务	姓名	重点监控处所	监控关键项点	
组长或 副组长					
安监部门					
运输部门					
机务部门					
设备主管 业务部门					
施工单位 及 主管部门					
设计部门					
监理部门					

附件 6

邻近营业线施工现场安全重点监控表

年　月　日

巡视监督施工项目			巡视监督施工地点	
施工日期			现场监控起止时间	
施工等级（A、B、C）			施工单位	
到场单位	现场人员	姓名	巡视监控处所（机械）	现场监控关键作业情况
监督管理单位				
建设、施工单位及作业队				
监理部门				

附件 7

成组更换道岔施工安全关键卡控表

风险级别	安全风险点	风险卡控措施	责任人
I级	1. 防护未设好，任何作业人员禁止上道	安全科设专人检查	施工负责人
	2. 未确定封锁命令，严禁施工	与驻站联络员确认后方可施工	施工负责人
	3. 未达到放行列车条件，严禁放行列车	对线路检查确认后方可放行列车	施工负责人
II级	4. 没有带班职工带领，劳务工严禁进入封闭网，严禁上道	安全科设专人检查	车间主任
	5. 本线作业人员及机具材料禁止侵入邻线	拉防护绳防护	车间主任
	6. 在施工人员集中处所，设置纵向防护绳	安全科设专人检查	车间主任
	7. 点后慢行上道作业，按照规定距离下道避车	安全科设专人检查	车间主任
	8. 夜间施工照明设施不到位，严禁进网	安全科设专人检查	车间主任
	9. 封锁点内严禁超范围施工	安全科设专人检查	车间主任
	10. 施工机械严禁碰撞其他行车设备	车间派专人负责指挥	车间主任
	11. 准备严禁超挖超卸	安全科设专人检查	车间主任
III级	12. 施工中严禁发生红光带	落实防联电措施，包扎绝缘接头	车间主任
	13. 未要点，严禁跨线搬运或推运笨重机具	登记要点，加强盯控	车间主任
	14. 班前未对施工人员进行安全教育，严禁上道	安全科设专人检查	车间主任
III级	15. 施工队未按规定签订安全协议，严禁使用	安全科设专人检查	车间主任
	16. 施工中未按规定设置回流线，严禁切轨	安全科设专人检查	车间主任
	17. 施工照明灯光严禁顺线路方向	安全科设专人检查	车间主任
	18. 挖掘机未采取限高措施，禁止使用	安全科设专人检查	车间主任
	19. 邻线来车严禁挖掘机转臂及推移道岔	安全科设专人检查	车间主任
	20. 邻线来车按规定拉防护绳一侧下道避车	安全科设专人检查	车间主任
	21. 接触网坠砣下严禁存放机具材料	安全科设专人检查	车间主任
	22. 驻站联络员认真报车，严禁漏报或错报	安全科设专人检查	车间主任

附件 10

××站 1#、7#道岔脱杆捣固、9#道岔起道捣固施工流程网络图

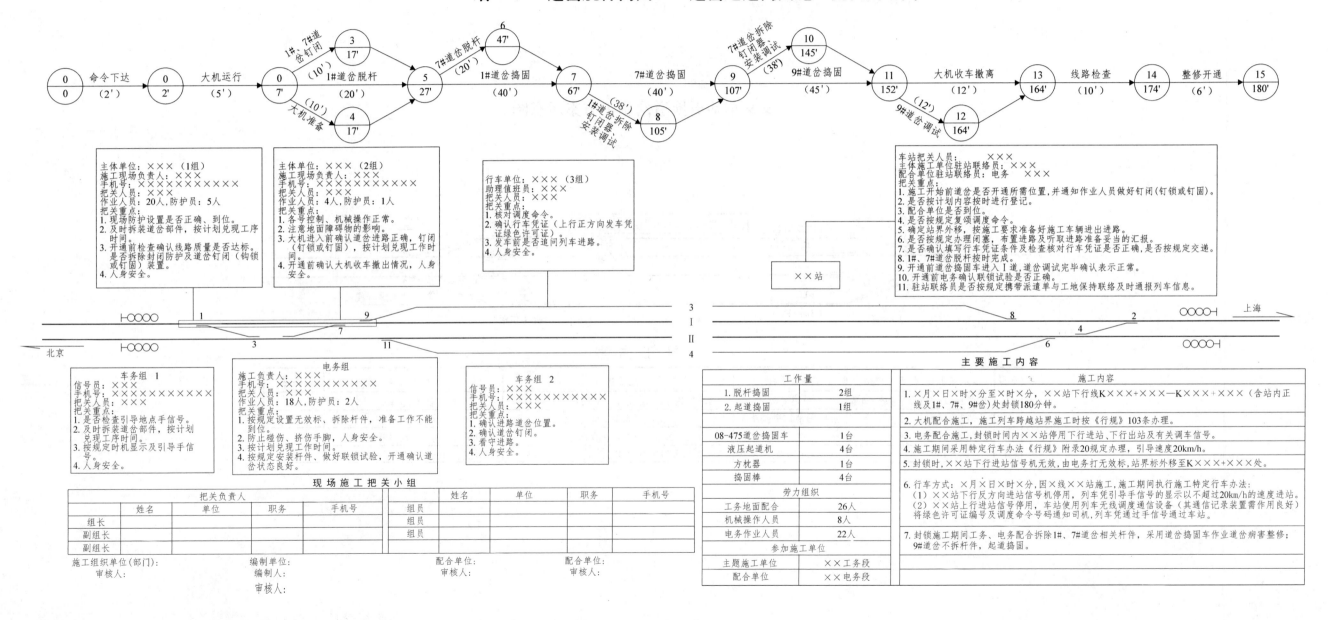

××车站更换道岔施工方案示意图

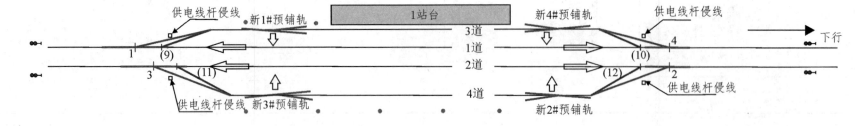

施 工 方 案

序号	拟定施工日期	行别	施工项目	施工内容	封锁内容	备注
1	12月11日—15日	3道、4道	预铺道岔	3道预铺下行线2组，4道预铺上行线2组	封锁3、4道	
2	12月16日	下行	拆除旧岔，更换道岔	拆南头10#，换新4#道岔	封锁210分钟	
3	12月17日	下行	拆除旧岔，更换道岔	拆北头9#，换新1#道岔	封锁210分钟,点闭开通3道	
4	12月18日	上行	拆除旧岔，更换道岔	拆北头11#，换新3#；拆南头12#，换新2#	封锁210分钟,点闭开通3道	

附件 8

重点施工计划下达流程图

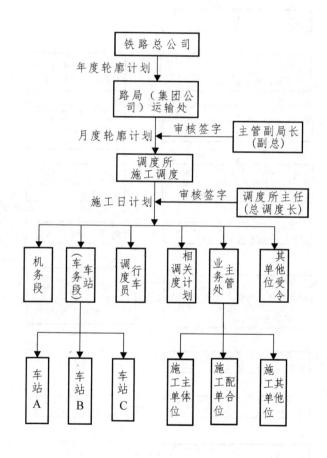

附件9

工程施工开始前安全控制基本程序图

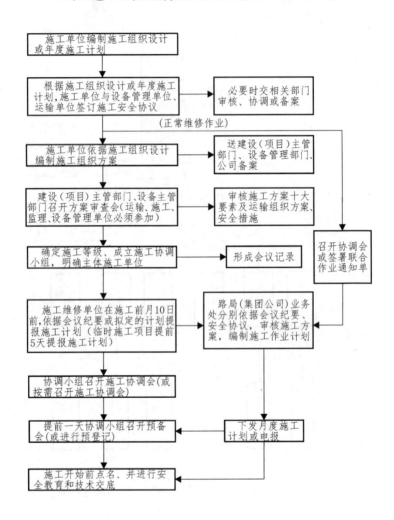

附件 12

成组更换道岔施工作业流程图

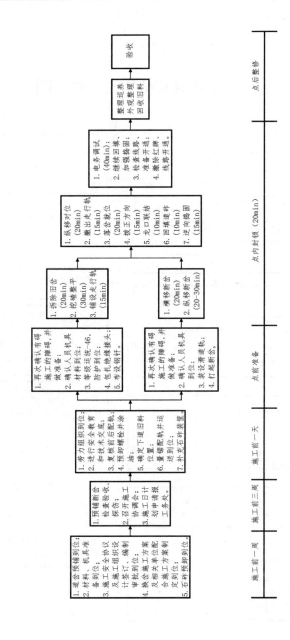

附件 13

封锁施工安全控制程序图

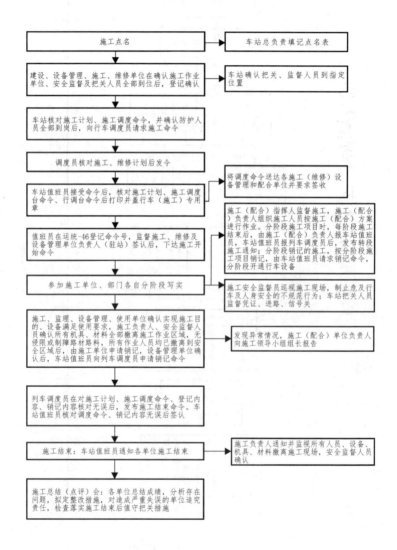

施工点名	→	车站总负责填记点名表
建设、设备管理、施工、维修单位在确认施工作业单位、安全监督及把关人员全部到位后，登记确认	→	车站确认把关、监督人员到指定位置
车站核对施工计划、施工调度命令，并确认防护人员全部到岗后，向行车调度员请求施工命令		
调度员核对施工、维修计划后发令	→	将调度命令送达各施工（维修）设备管理和配合单位并要求签收
车站值班员接受命令后，核对施工计划、施工调度台命令、行调台命令后打印并盖行车（施工）专用章		
值班员在运统-46登记命令令号，监督施工、维修及设备管理单位负责人（驻站）签认后，下达施工开始命令	→	施工（配合）指挥人监督施工，施工（配合）负责人组织施工人员按施工（配合）方案进行作业。分阶段施工项目时，每阶段施工结束后，由施工（配合）负责人报车站值班员，车站值班员报列车调度员后，发布转段施工通知；分阶段销记的施工，按分阶段施工项目销记，由车站值班员请求销记命令，分阶段开通行车设备
参加施工单位、部门各自分阶段写实	→	施工安全监督员巡视施工现场，制止危及行车及人身安全的不规范行为；车站把关人员监督凭证、进路、信号关
施工、监理、设备管理、使用单位确认实现施工目的、设备满足使用要求，施工负责人、安全监督人员确认所有机具、材料全部撤离施工区域，所有作业人员均已撤离到安全区域后，由施工单位申请销记，设备管理单位确认后，车站值班员向列车调度员申请销记命令	→	发现异常情况，施工（配合）单位负责人向施工领导小组组长报告
列车调度员在对施工计划、施工调度命令、登记内容、销记内容核对无误后，发布施工结束命令。车站值班员核对调度命令、销记内容无误后签认		
施工结束：车站值班员通知各单位施工结束	→	施工负责人通知并监视所有人员、设备、机具、材料撤离施工现场，安全监督人员确认
施工总结（点评）会：各单位总结成绩，分析存在问题，拟定整改措施，对造成严重失误的单位追究责任，检查落实施工结束后值守把关措施		

附件 14

铁路大中型建设项目竣工验收流程图

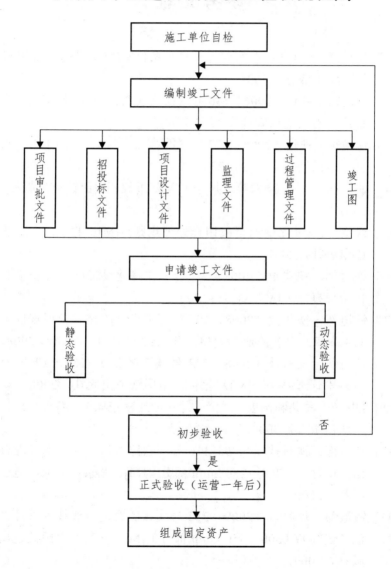

参考文献

[1] 建设部.《建设工程安全生产管理条例》[M]. 北京：中国建筑工业出版社，2004.

[2] 铁道部. 铁运〔2006〕146 号《铁路线路修理规则》[M]. 北京：中国铁道出版社，2006.

[3] 铁道部. 铁运〔2006〕177 号《铁路工务安全规则》[M]. 北京：中国铁道出版社，2006.

[4] 铁道部.《铁路技术管理规程》[M]. 北京：中国铁道出版社，2007.

[5] 铁道部.《铁路交通事故调查处理规则》[M]. 北京：中国铁道出版社，2007.

[6] 铁道部. 铁建设〔2008〕23 号《铁路建设工程质量安全监督管理办法》[M]. 北京：2008.

[7] 铁道部. 铁科技〔2008〕205 号《关于铁路技术管理规程第 358 条修改内容的通知》[M]. 北京：中国铁道出版社，2008.

[8] 铁道部. 铁科技〔2008〕222 号《铁路 200～250 km/h 既有线技术管理办法》[M]. 北京：中国铁道出版社，2008.

[9]《中华人民共和国安全生产法》（最新修正版）[M]. 北京：法律出版社，2009.

[10] 铁道部. 铁科技〔2009〕116 号《铁路客运专线技术管理办法（试行）》（200～250 km/h 部分）[M]. 北京：中国铁道出版社，2009.

[11] 铁道部. 铁科技〔2009〕212 号《铁路客运专线技术管理办法（试行）》（300～350 km/h 部分）[M]. 北京：中国铁道出版社，2009.

[12] 铁道部. 铁建设〔2009〕226号《铁路施工组织设计指南》[M]. 北京：中国铁道出版社，2009.

[13] 铁道部. 铁办〔2011〕36号《关于印发新编和修订后的铁路应急预案的通知》北京：2011.

[14] 铁道部. 运工桥隧函〔2012〕292号《关于加强铁路混凝土桥梁钢支架人行道堆载管理的通知》北京：2012.

[15] 铁道部. 铁运〔2012〕83号《高速铁路无砟轨道线路维修规则（试行）》[M]. 北京：中国铁道出版社，2012.

[16] 铁道部. 铁运〔2012〕280号《铁路营业线施工安全管理办法》[M]. 北京：中国铁道出版社，2013.

[17] 铁道部. 铁运〔2013〕29号《高速铁路有砟轨道线路维修规则（试行）》[M]. 北京：中国铁道出版社，2013.

[18] 铁道部. 铁运〔2013〕60号《电气化铁路有关人员电气安全规则》[M]. 北京：中国铁道出版社，2013.

[19] 中华人民共和国国务院令第639号《铁路安全管理条例》[M]. 北京：中国铁道出版社，2013.

后　记

　　铁路营业线施工是铁路运输学的一项综合性系统工程。随着铁路改革和国民经济发展，既有铁路线路扩容改造、新建铁路线路接入营业线，或铁路（及地方）工程邻近营业线、河渠（管道、道路）工程下穿或上跨铁路，以及营业线大中修施工等，因施工造成行车事故、施工延时影响运输秩序或运输挤占施工天窗现象时有发生。为保证运输安全，确保正常的铁路运输秩序和基本施工条件，规范铁路营业线及邻近营业线施工安全管理尤为必要。本书正是在对铁路营业线施工安全管理相关知识深入理解的基础上，根据当前铁路改革发展中出现的新问题，结合现场实际和安全管理需要，归纳提炼出 282 个问题，利用一问一答的形式进行陈述，可作为铁路局（集团公司）运输站段进行铁路营业线施工管理知识学习的补充材料，也可作为铁路工程单位及其他施工、监理单位进行铁路营业线和邻近营业线施工及相关铁路院校进行施工管理知识培训学习时的参考工具。

　　本书由于兆峰担任主编，其中第一章由代世乐、李金彪、毛建辉编写，第二章由郑强、李拥军、于兆峰编写，第三章由梅学文、王炎东、胡建军编写，第四章由高国良、刘向东、董冲、胡宗献、陈晓波编写，第五章由冯朝军、职新合、金庆合编写，第六章由陈海洲、刘宏禹、李小彩编写，第七章由曹俊杰、苗福、陈铁良编写，第八章由付振崎、严文革、王玉柱编写，第九章由宋卫华、郭军锋、武萃贤编写，第十章由张汉利、陈元伟、华盛编写，第十一章由熊永林、卫营军、刘晓编写，第十二章由程思龙、常浩、王宏安编写，第十三章由刘选斌、王希云、李会杰编写，第十四章由张长建、张林生、李宏编写，第十五章由李媛媛、于兆峰、顾朝鑫、苏迎辉编写，第十六章由代俊涛、马伟国、樊小涛编写，第十七章由李鹏鸽、郭丰生、牛铁钢编写；附图由万宏启、王东伟、袁保瑞提供；参与封面设计：李迎；摄影王志成、胡春阳等。主要审稿人员：张焕昌、李保成、龚克俭、齐直新、任忠福、武海滨、邢建鑫、王强、张富宏。主审：李仲刚、程鹏、周荣祥、于胜利、王修文。

本书在编写过程中得到了参与《铁路营业线施工安全管理办法》编制及审核工作的专家、国家铁路局安监司、铁路总公司安监局、运输局、劳动和卫生部、人才服务中心、建设管理部、《铁路运输安全管理新视觉》编委会，及郑州、上海、北京、沈阳、兰州、太原、武汉、西安、呼和浩特、昆明、成都铁路局，广铁（集团）公司、青藏铁路公司、朔黄铁路有限公司、包神铁路集团公司、京广铁路客运专线河南有限责任公司、郑西铁路客运专线有限责任公司、中铁三局、中铁四局、中铁七局、中铁十五局、中铁十七局，中铁电化运管公司等单位有关领导和专家的关心和支持；相关站段领导刘凤恩、贾仲夏、罗运广、王银山、程相恩、丁爱国、贾秋、万建春、吕永庆、孙国强、张增领、马红林、王海军、刘炎华、毛克胜、余效月、柳明宇、班瑞平、任保国、张国庆等给予大力支持和帮助，在此一并表示衷心感谢！

由于编者水平有限，时间仓促，个别地方理解难免有所偏差和纰漏，不足之处敬请各位专家及读者批评指正。

编　者
2013 年 10 月